Yanggang
Nanren
De
Xinzhi
Xiulian

墨　菲◎编著

阳刚男人的
心智修炼

从顽皮小子到阳刚男人的心智修炼课

中国华侨出版社

图书在版编目（CIP）数据

阳刚男人的心智修炼 / 墨菲编著. 一北京：中国
华侨出版社，2013.10
ISBN 978-7-5113-4137-2

Ⅰ．①阳… Ⅱ．①墨… Ⅲ．①男性－成功心理－通俗
读物 Ⅳ．①B848．4-49

中国版本图书馆 CIP 数据核字（2013）第 237536 号

● **阳刚男人的心智修炼**

编　著 / 墨　菲
责任编辑 / 文　慧
责任校对 / 志　刚
装帧设计 / 倪　捷
经　销 / 新华书店
开　本 / 710 毫米×1000 毫米　1/16　印张 /19　字数 /252 千字
印　刷 / 北京联兴华印刷厂
版　次 / 2013 年 11 月第 1 版　2013 年 11 月第 1 次印刷
书　号 / ISBN 978-7-5113-4137-2
定　价 / 36.00 元

中国华侨出版社　北京市朝阳区静安里 26 号通成达大厦 3 层　邮编：100028
法律顾问：陈鹰律师事务所　　　编辑部：(010) 64443056　　64443979
发行部：(010) 64443051　　　　传　真：(010) 64439708
网　址：www.oveaschin.com　　E-mail：oveaschin@sina.com

　　古时候，一位父亲和他的儿子共同奔赴沙场。父亲已做了将军，儿子还只是马前卒。又一阵号角吹响，战鼓雷鸣了，父亲庄严托起一个箭囊，囊中插着一支箭。父亲郑重地对儿子说："这是家传宝箭，配带身边，力量无穷，但千万不可抽出来。"那个箭囊十分精致，厚牛皮打制，镶着幽幽泛光的铜边儿，再看露出的箭尾。一眼便能认定是用上等的孔雀羽毛制作。儿子喜上眉梢，贪婪地推想箭杆、箭头的模样，耳旁仿佛听到嗖嗖的箭声掠过，敌方的主帅应声落马而毙，果然，配带宝箭的儿子英勇非凡，所向披靡。当鸣金收兵的号角吹响时，儿子再也禁不住得胜的豪气，完全忘记了父亲的叮嘱，强烈的欲望驱使着他呼一声就抽出宝箭，试图看个究竟。骤然间他惊呆了。一支断箭，箭囊里装着一支折断的箭。我一直挎着支断箭打仗呀！儿子吓出了一身冷汗，仿佛顷刻间失去支柱的房子，轰然意志坍塌了。结果不言自明，儿子惨死于乱军之中。拂开迷蒙的硝烟，父亲拣起那支断箭，沉重地叹道："不相信自己的意志，永远也做不成将军。"

　　把胜败寄托在一支宝箭上，是愚蠢至极的行为，在生活中，"把成绩的取得寄托在老师身上；把希望寄托在爸妈身上；把幸福寄托在儿女身上；把生活保障寄托在单位身上……"都是类似的行为。一个人不应该把自己生命的核心与权柄交给别人，那是弱者的行为，一个优秀的人当知强者自强。

男孩爱冒险、爱挑战、爱争吵、爱跑动、爱竞争、爱实践，自信、生机勃勃。他们喜欢集体生活，并善于根据自己的实力和能力来确立自己在所处集体中的地位；喜欢主宰、控制环境和其他因素；男孩更喜欢竞争和超越，在竞争环境中他会觉得兴奋，男孩也愿意接受挑战，甚至有不需任何理由就去冒险的倾向……他们有理想，有追求，渴望被社会认可，渴望被别人肯定，"请叫我男子汉"，是所有男孩对自己内心的独白和自己人生价值的强烈肯定。

在当今机遇与挑战并存的社会，男孩被寄予太多期望，这种期望在他们还是孩子的时候就已经发生作用了。而如今，男孩子除了将来要承担更多的家庭责任外，社会责任和压力也与日俱增。他们要面临学业、婚姻、工作及家庭等诸多的人生及社会课题，并靠自己去一一解决。优秀的男孩是一支箭，若要它坚韧，若要它锋利，若要它百步穿杨，百发百中，磨砺它、拯救它的都只能是自己。

本书运用通俗易懂的语言，结合当今快节奏社会发展下，男孩在实现自我人生价值过程中所面临的诸多困扰，对普遍存在的问题进行了深刻剖析，相信在读完此书后，你一定会明白：什么样的男孩才是最优秀的；在生活学习中，如何排除自身的迷茫、彷徨心理；如何高效率地利用自己宝贵的时间，摒弃掉那些无聊的事，做新时代真正的男子汉，实现自己人生目标中的Number1！

目 录

CONTENTS

第八章　挑战自我，方能不断超越——"男子汉"发展篇

第一章

审视自己，方能融入社会

——"男子汉"基础篇

　　金无足赤，人无完人。每个人在人生的道路上都留下了不可磨灭的足迹，那些足迹印证着我们的成长。然而，每个人都避免不了犯错误，在人生发展的关键阶段，如果做不到反省，只会让自己错上加错，愈陷愈深。因此，反省是成功的基石。

Part1 "知己知彼，百战不殆" ——反省自己

1. 非比寻常的 "财富" 清单

一件事情别人这样做是对的，自己盲目模仿也这样做，却极有可能是错的。"知己知彼，百战不殆"。对于青少年来说，更需要认识自己，只有正确地认识自己的性格特点、爱好特长、专业特点，进行合理的职业学习生活，才能在人生的宝贵阶段将自己合理定位，不盲目地跟风，做到有的放矢，秀出个性的自己。

古时候有一位老人。辛苦劳作一辈子，攒下了一笔不小的财富，但是他明白，自己正在慢慢老去，最终不会带走这些财富。随着身体每况愈下，感觉到自己也将没有多少时日了，于是就考虑在三个孩子中选一个继承自己的财富。经过再三考虑，老人决定把财富留给品性和修为最成熟的人。这天，老人把三个孩子叫到了自己的病榻前。

"在我去世之前我要把财富留给你们，但谁能获得这笔财富，要看你们的各自行动。"老人告诉孩子们，"你们各自拿两张纸，一张纸写上自己的优点，一张纸写上另外两个人的缺点，然后把两张纸拿给另外的两兄弟签名。无论是优点还是缺点，写的越多、最先完成这件事的人，就能分到更多的财产。"兄弟三人同意了老人的方法，并且约定，在第二天，重新回到老人的病榻旁，来公布答案。

第二天一早，兄弟三人准时来到老人的房间，老人先让老大和老二拿出他们写出的优点和缺点的清单。老人看过之后笑了起来，二人写出来自己的优点和对方的缺点刚好是一样多。最让人啼笑皆非的是，老大自己认

为是优点的地方，被老二写成了缺点；相反，老二自认为是优点的地方也刚好是老大列举出来的缺点。对自己的看法和另一个兄弟眼中的自己，却恰恰是南辕北辙。

老大和老二争执不下，老人这时微笑着问老三：你有没有好的建议？老三告诉两个哥哥："不如先签下那张写有自己缺点的单子，承认了自己的缺点，对方也就会同意你的优点。"按照老三的建议，老大和老二进行了尝试，果然得到了皆大欢喜的结果，写下优点和缺点的单子都顺利地得到了签字。

老人将三兄弟的清单进行综合对比，老三的两张单子上签字的时间只相差一分钟，提前了老大和老二整整一天。

老人拿给三兄弟一人一个信封，里面放着一张纸条，上面这样写道："想要别人接受你的逻辑很简单，先承认自己的缺点，优点才会有成长的空间。想要别人认同你的方法很简单，先体会别人的感受，而不是先保护自己的感受。优点和缺点的界限并不在我们自己身上，而在别人的眼中。"

第三天，当老大和老二又在因为缺点和优点争吵时，老三安静地坐在一旁。老人问："你获得了哥哥们的签字了吗？"老三回答道："是的，我的两张纸条上都是空白的，我认为自己没有优点，哥哥们也没有缺点，很容易就拿到了签字的清单。"

于是老人决定把财富留给老三。

"一千个读者就有一千个哈姆雷特"，这是大家耳熟能详的一句经典名言。所谓仁者见仁智者见智，优点和缺点不可能在每个人的眼睛里都相同。拿竹子来说，有的人喜欢，就说它虚心、高洁；有的人不喜欢，就说它徒有虚表，腹中空无一物。每个人都有自己的长处和短处，要多用自己的长处去帮助自己成长，但也不能因为自己的缺点而沉溺在矛盾当中。如果要想取得成功，必须从认知自己开始。首先学会了解自己，了解自己的长处，也了解自己的缺点。对自己看得越准确、越透彻，选择的道路就会越正确，自身的潜力就越能发挥出来，成功的可能性就越大。

2. "身体缺陷"的冠军

人生在世，谁都想有一番作为，但成功者毕竟是少数，很多人因不了解自己而失败。俗话说"知己知彼，百战不殆"，要想"不殆"，必先"知己"，"知己"就是了解自己。每一个人都是一个独立的自我，每一个人都有自己的优点和缺点，世界上不可能有十全十美的人。认识自己往往比认识别人更难。

美国著名跳水运动员格里格·洛加尼斯，小时候因为自己有讲话和阅读障碍，所以非常自卑。洛加尼斯觉得自己一无是处，总是感觉非常沮丧。不过他非常喜欢舞蹈、体操和跳水，他知道自己在运动方面极具天赋。认清这些之后，他开始找回了自信，并开始专注于舞蹈、体操和跳水方面的锻炼。果然，他的运动天赋得到充分发挥，他开始在各种体育比赛中崭露头角。

直到中学时，洛加尼斯发现自己有些力不从心了，因为无论是舞蹈、跳水还是体操，都需要辛勤地付出，他不可能有那么多时间和精力去全部顾及这么多事。他知道自己只能选择其中一项作为自己毕生的追求，这时，他幸运地遇到了他的恩师乔恩，一位前奥运会跳水冠军。经过对洛加尼斯的观察和分析，乔恩认为洛加尼斯在跳水方面更有天赋。洛加尼斯听了老师的建议后重新审视自己，认为自己的确更喜欢跳水，他也认识到自己所喜欢的舞蹈、体操等项目帮助他练就了跳水的基本功，可以为跳水带来更多的花样和技巧。

经过有针对性的专业训练和长期不懈的努力，洛加尼斯终于在跳水方面取得了骄人的成就。他16岁时就成为美国奥运代表团成员，28岁时获得六个世界冠军、三枚奥运会奖牌、三个世界杯奖牌等。由于对运动事业的杰出贡献，洛加尼斯在 1987 年获得"世界最佳运动员"的称号和欧文斯奖，达到了职业生涯的顶峰。

认清自己有利于充分发挥自己的聪明才智。许多人平庸一生，不是因为他们没有才能，而是终其一生都没有发现自己的才能。世界上许多有成就者之所以获得成功，最主要原因就是他们认识到了自己的才能。

3. 两只罐子的命运

任何一个人都不会是十全十美的，任何一个人都有自己的短处和长处，熟人相处也好，结交新朋友也好，我们都应该去发现并学习他人的长处，而并不是去发现他人的短处并加以嘲笑、讽刺。

在一家日用品店里，有许多各式各样、大小不一的罐子。店主人很喜欢其中的两只美观的罐子，他每天都要仔细地擦拭它们。这两只罐子其中一只是陶的，另一只是铁的。

一天，骄傲的铁罐看着身边的陶罐，奚落道："陶罐子，主人怎么会喜欢你呢，你有什么好的，你敢碰我吗？"

陶罐谦虚地一笑，回答道："铁罐兄，我可不敢碰你，一碰你我就会变成碎片的。"

"哈哈哈……"铁罐露出了更加轻蔑的神气，说道，"我就知道你不敢，懦弱的东西！"

"我确实不敢碰你，但不能叫作懦弱。"陶罐争辩说。

"但是，毫无疑问，我是铁制的，你是陶制的，你一碰我就会破成碎片，而我什么也不怕，和你在一起我感到羞耻！"铁罐继续说道。

"何必这样说呢，"陶罐不高兴地说，"主人制造我们并不是让我们来互相撞碰的，而是利用我们盛东西。在完成我们的本职任务方面，我不见得比你差。再说……"

"住嘴!"铁罐愤怒地说,"你算什么东西,怎么敢和我相提并论!我们走着瞧吧,总有一天,我要把你碰成碎片,而我却永远在这里!"

陶罐不再理会。

很快,战争爆发了,罐子店倒塌了,两只罐子被埋在荒凉的土地下,一个世纪连着一个世纪。

许多年以后的一天,一群人发掘出了那只陶罐,惊讶地说:"哟,这里有一只罐子!"

大家把陶罐捧起,把它身上的泥土刷掉,擦洗干净,它和当年完全一样,朴素、美观、毫光可鉴,人们高兴地叫了起来:"是一只陶罐!你瞧,它是多美的罐子啊!"

"小心点,千万别把它弄破了,这是古代的东西,价值连城的。"人们互相传递着观摩这只陶罐,动作小心翼翼。

"谢谢你们!"陶罐兴奋地说,"我的兄弟铁罐就在我的旁边,请你们把它掘出来吧,它一定闷得够受的了。"

人们立即动手,翻来覆去,把土都掘遍了。但一点铁罐的影子也没有找到,不知道在什么年代,铁罐已经完全氧化,早就无踪无影了。

"尺有所短,寸有所长",每个人都有各自的特点,有自己的长处,也有自己的短处。人贵有自知之明,"铁罐"的悲剧,正在于它盲目地自大;而"陶罐"的不朽,就在于它清楚地知道自己的实力。

4. 精灵的感悟

想人所想,及人所及,人与人之间不能少了谅解,谅解是理解的一个方面,也是一种宽容。我们都有被"冒犯"、"误解"的时候,如果对此耿耿于怀,心中就会有解不开的"疙瘩";如果我们能深入体察对方的内心世界,就能达成谅解。谅解是一种体贴,一种宽容,一种理解,一种爱!

远古时期，有一个王国里住满了精灵，他们每天过着与世无争、平平静静的生活。突然，有一天，王国里来了一位不速之客——人类。

精灵们开始为此议论纷纷，因为他们从来没有见过人类，不知道人类是善良的？丑恶的？有修养的？还是粗鲁无知的？于是，经过商量，精灵们决定去试探一下人类的特性。

第一个精灵来了，他看见那人正在悠闲地散步，便很有礼貌地问候道："您好！"

"您好！"人友好地笑笑。

第一个精灵快乐地跑回去，向他的伙伴们说："我知道了，我知道了，人是非常善良、非常友好和懂礼貌的。"

精灵们不太相信，于是第二个精灵又来试探那人，他充满敌意地问："混蛋！你这蠢货！你到我们的国土上来干什么？"

人冷冷地看着第二个精灵，怒目圆睁地说道："不干什么！你欠揍是吗？那么，来吧！"说完，他还挥了挥自己的拳头。

第二个精灵吓得赶紧跑掉了，他气恼地和他的同伴们说："人一点礼貌都没有，还是一个充满敌意的、且喜爱残忍的斗殴的家伙，让我们去消灭他吧！"

这时，精灵中有一个老者，也想去最后一试，他缓缓地向那人走过去，用和蔼的声音问人："孩子，你一个人孤零零地站在这里，难道不需要我的帮助吗？"

"谢谢您老人家，我来这里散会儿步，一会儿就回去的，您不必担心我了。"人感激地说，然后朝老精灵深深地鞠了一下躬，表示自己对对方的尊重。

老精灵回去把人刚刚的话告诉了精灵们，精灵们有些不解了，同样一个人怎么会这么多变、复杂呢？真是奇怪。

这时，精灵长者缓缓地说："其实，人类很简单，他只不过是我们的一面镜子，我们给予他什么，他就会直接回馈给我们什么。"

你给予了别人什么，别人就会回馈你什么，予人玫瑰，手有余香。你付出了友情，就能得到关怀；你付出了真心，就能得到爱情；你播洒了汗水，就能收获沉甸甸的果实……你要想得到他人的尊敬，那么你必须主动去尊敬他人。这是最基本的礼貌，更是一种教养。

5. "水上飘" 的故事

做人是一个很难的学问，"无欲速，无见小利。欲速，则不达；见小利，则大事不成。做人不要揭他人之短，不探他人之秘，不思他人之旧过，则可以此养德疏害"。在与人相处的时候，斤斤计较，永远不会赢得他人的好感。要做一个谦虚的人，骄傲是阻碍进步的大敌。

有一个剑桥毕业的博士被分到一家国际公司工作，整个公司中他是学历最高的一个人。周末的一天，他独自到公司附近的观赏湖去钓鱼，正好市场部正副主管在他的一左一右，也在钓鱼。"听说他俩也就是本科生学历，有啥好聊的呢？"这么想着，他只是朝两人微微点了点头。不一会儿，正主管放下钓竿，舒展了一下筋骨，蹭蹭蹭从水面上健步如飞地跑到对面上厕所去了。博士眼珠睁得都快掉下来了。"水上飘？不会吧？这可是一个湖啊！"正主管上完厕所回来的时候，同样也是蹭蹭蹭地从水面上飘回来了。"怎么回事？"博士刚才没去打招呼，现在又不好意思去问，自己是博士哪！过一阵，副主管也站起来，走了几步，也迈步蹭蹭蹭地飘过水面上厕所了。这下子博士更是差点昏倒："不会吧，到了一个江湖高手集中的地方？"

过了一会儿，博士也内急了。这个池塘两边有围墙，要到对面厕所非得绕十分钟的路，而回公司又太远，怎么办？博士也不愿意去问两位主管，憋了半天后，于是也起身往水里跨，心想："我就不信这本科生学历的人能过的水面，我博士生不能过！"只听"扑咚"一声，博士栽到了水里。两位主管赶紧将他拉了上来，问他为什么要下水，他反问道："为什么你们可以走过去呢？而我一走就掉水里了呢？"两位主管相视一笑，其中一位说："这池塘里有两排木桩子，由于这两天下雨涨水，桩子正好在水面下。我们都知道这木桩的位置，所以可以踩着桩子过去。你不了解情况，怎么也不问一声呢？"

骄傲的人，往往用骄傲来掩饰自己的卑怯。骄傲是一个人对自己在某个方面或领域有卓越价值的肯定，是人对自己成绩的认知。骄傲是人难免的情绪，但过度的骄傲就是高傲。一个心怀高傲的人，是不会把别人放在眼里的，他们会认为自己比别人强。但这些人都忘了，高傲的人只能让人厌烦，要知道人外有人，太过骄傲只能自取其辱。

6. 好东西要与朋友一起分享

有了好东西就应该和大家一起分享。把自己拥有的好东西拿给别人看一看，把自己的得意之事说给别人听听，也没有什么不可以的，也没有什么不好的；但是，如果炫耀的心理太炽热，想听好听、奉承和赞美之话的渴望太强烈了，人就陷入了"卖弄"之歧途。而这种卖弄有时就像是毒品，会让你上瘾，最后失去做人的本性。

一个部门经理这一年的业绩特别突出，到了年底，老板在表彰会上特别表扬了他，除了公司发的奖金外，还另外给了他一个红包。在大会上，主持人根据上面的安排，请他谈谈心里感受。

他拿过话筒就说起来自己在这一年中怎么兢兢业业，学习了多少知识，工作能力如何提高，可就是没有提及上司对他的信任和重用，更没有感谢同事和下属的帮助与合作。大会结束后，他一溜烟儿地跑了，也没有邀请同事们庆祝一下。

虽然，表面上大家都不说什么，但是，从此他的同事们却都有意疏远他。

一个月过去了，他以前挂在脸上春风得意的笑容没有了，渐渐成了孤家寡人一个。

不要感叹部门同事或者下属度量狭小！其实造成这种局面的是这个部门经理忽略了别人的感受。每个人都认为别人的成功中有自己的功劳或者苦劳，而他却傻乎乎地独享荣耀，别人自然就会不舒服。

一毛不拔的人并不聪明。一个凡事只想从别人身上索取，却从不付出的人是很难与人相处的。他们不能给任何人带来快乐，因为他们时刻都在不停地算计如何索取，自己能挣得多少，自己将丢失多少。而侠义和慷慨的人走到哪里都受人欢迎。今天他们送给别人一滴水，明天就能得到汩汩而流的涌泉。

7. "图钱"而失去了"前途"

从容坦荡，才能获得心灵的宁静与欢乐。心中唯有坦荡，才不会为凡尘琐事去争斗，不会为功名利碌所困扰。在人生的旅程中多一份坦荡，就不会为坎坷旅途悲凄而感伤。坦荡作为性情，可以避开一切庸人自扰的恩怨得失，将烦恼抛到九霄云外。面对挫折临危不乱、处变不惊，面对名利安之若素、坦然处之。

清朝乾隆年间，一位外地书生到京城赶考，希望能够求取功名。

京城繁华无比，书生以前只知道足不出户，一心一意攻读圣贤书，哪里有机会见过这等世面，于是兴致勃勃地在大街上四处闲逛。

这天，书生路过延寿寺街，停留在一间大书铺里。他旁边的一位买书少年在掏钱购买书籍的时候，从钱袋里滚落出一文铜钱，但是只顾买书的少年根本就没有留意，付完钱转身就走了。

可是，这一切却被赶考的书生看在眼里，但是他并没有告诉买书少年丢了一文铜钱。等少年一走，赶考的书生立即迅速地把那文铜钱捡起来揣入怀里，欣欣然面有喜色，转身也想离开。

这时，书铺里有位老者见其装扮知道是读书求取功名之人，便和他聊了起来。末了问了书生的姓名和籍贯，最后相揖而去。

这个书生果然不负十年苦功，一举考取了常熟县尉。书生在赴任之前决定先去拜谒一下自己的上司——江苏巡抚汤斌。当他兴冲冲地来到巡抚府上时，却莫名其妙地被拒见了。过了几天，书生又去拜见，结果又被拒绝了。如此这般十次，书生百思不得其解，心中也早已压抑着一腔无名怒火，决定前去讨个说法。

巡抚传下口谕：还记得当年在书铺拾钱一事吗？做秀才尚视一钱如命，倘若做了地方官吏岂不要刮地三尺？我已经向你打听了你的名字，并且把你的名字除掉，你也不必再来求见，也不用赴任去了。书生恍然大悟，继而顿足失声，但已经追悔莫及了。

明代著名学者薛宣说"公则四通八达，私则一偏而隅"。为人公正，就能走遍天下；不劳而获，私欲太强将会处处碰壁。为人处世一定要坦荡，绝不可以有任何不劳而获的念头。

Part2 "赠人玫瑰，手有余香"——善待他人

1. 两次"作乱"的猴子

尽管我们无法选择强大，但我们可以选择善良。也许上帝没有给我们强壮的身体，但给了我们一颗仁爱的心。怀有一颗善良的心、多行善事的

人，必会得到好报。

一天，一个樵夫去山上砍柴，他看到猎人的罗网里有一只猴子，而那只猴子的一只腿受伤了，双眼流着泪水，向樵夫投来祈求的目光。

樵夫动了恻隐之心，便对猎人说："老兄，咱们做一笔交易怎么样？这是我在山上刚砍好的上等柴木，我想用这些柴木来换这只又黑又瘦的猴子，你看可以吗？"猎人稍加思索，知道这只伤猴也值不了几个钱，弄不好还要为它搭钱，于是就同意了樵夫的请求。

樵夫把猴子带回家，为它洗净了伤口，包扎好后，还给它喂了一些粮食。猴子在樵夫的精心照顾下，伤口好得很快。

一天，樵夫去集市卖柴回来，发现猴子已不知什么时候从他家里跑走了。樵夫很后悔，自言自语地说："真没良心，我救了它一命，现在连谢谢都没说就走了，我以后再也不做好事了。"

某年冬日的一天，樵夫砍柴累了便靠着一棵大树歇息，碰巧那棵大树快要倒了，可樵夫却没有觉察到。正在这时，从对面树上跳下来一只猴子，它用爪子抓走了樵夫头上的帽子跑了。樵夫起身去追，发现抓走他帽子的正是被他救过一命的猴子，樵夫愤怒至极，他边追边骂："你这个该死的家伙，我先前救了你一命，你不曾报答，现在又三番两次地来抢我的帽子……"

樵夫还没有骂完，突然听到"轰隆"一声，樵夫回头一看，刚才自己靠着的那棵树已倒在地上，而他的帽子，被平平整整地放在对面的大树底下。

如果你在生活中为某人做了一件好事没有立即得到回报，也不要怨恨，因为大多数人都是知恩图报的。只是，有些人的回报可能是在你最需要的时候，正如故事中的猴子一样，它在樵夫最危险的时候救了他。所以，请相信，善待他人总是会得到善意的回报的。

2. 我就是那个修车人

善良是一种传递。用言行把善意传递给别人，让人感受并且放大，是最大的善。像在父母的言传身教下，身上保有父母的心性特点，使我们有怜悯之心，有关爱之情，有体谅情怀，有奉献精神，这种善的本性，不仅让自己在物欲纷繁里不沉沦，也常让自己在生活里得到奉献与助人的乐趣。

一个大雪纷飞的夜晚，一位老人的汽车在郊区的道路上抛锚了。很久，才有一辆车经过，开车的男子二话没说便下车帮忙。

过了一会儿，车修好了，老人坚持要付些钱作为报酬。

男子摆摆手谢绝了他的好意，并温和地说："老人家，您不需要给我什么钱，我这么做只是为了助人为乐。"

见老人一再坚持，男人说："感谢您的深情厚意，但我想还有更多的人比我更需要钱，您不妨把钱给比我更需要的人。"然后，他们便各自上路了。

老人又冷又饿，便来到了一家餐馆。一位身怀六甲的女招待立刻为他端来一杯冒着气的热茶，关切地问道："先生，欢迎您光临，为什么这么晚了你还在赶路？"

老人讲了汽车抛锚的事情，并把男子救助自己的事也告诉了这位女招待，"这样的好人现在真难得，我真幸运碰到这样的好人。"

说完，老人一边点东西，一边问女招待，"你怎么工作到这么晚？你肚子里面的宝宝怎么办？"

女招待无奈地笑了笑说，"其实，为了迎接孩子的出世，我需要第二份薪水。不过，没有关系，我的身体还可以吃得消。"

老人听后拿出 200 美元给女招待当小费，女招待执意不收，但老人坚决地说："你比我更需要它，就当我送给宝宝的礼物。"

女招待只好收下了，回到家，她将老人的事情告诉了她丈夫，丈夫大感诧异，"世界上怎么会有这么巧的事，我就是那个修车人。"

俗话说得好：种瓜得瓜，种豆得豆。我们在"播种"善良的同时，也会收到善良的回赠。即使当时我们不会得到回赠，善良也会以另一种方式出现在你以后生命的岁月中，让你收获颇多。

3. "一诺千金"和"失信丧命"

言而无信，就没有人相信他的话；言而有信，别人都会相信他。在现代社会，信用成为衡量一个人的标准。只有那些"言而有信"的人才能够得到别人信任，才取得获得成功的基石。相反，那些"言而无信"之徒是怎么也不会得到别人信任的。

秦末有个叫季布的人，一向说话算数，信誉非常高，许多人都同他建立起了浓厚的友情。当时甚至流传着这样的谚语："得黄金百斤，不如得季布一诺。"成语"一诺千斤"就是由此而来。后来，他得罪了汉高祖刘邦，被悬赏捉拿。结果他那些旧日的朋友不仅不被重金所惑，而且冒着灭九族的危险来保护他，终使他免遭祸殃。一个人诚实有信，自然得道多助，能获得大家的尊重和友谊。反过来，如果贪图一时的安逸或小便宜，而失信于朋友，表面上是得到了"实惠"。但为了这点实惠也毁了自己的声誉，而声誉相比于物质是重要得多的。所以，失信于朋友，无异于丢了西瓜捡芝麻，是得不偿失的。

《郁离子》中记载了一个因失信而丧生的故事。济阳有个商人过河时船沉了，他抓住一根大麻杆大声呼救。有个渔夫闻声而至。商人急忙喊："我是济阳最大的富翁，你若能救我，给你100两金子。"待他被救上岸后，商人却翻脸不认账了。他只给了渔夫10两金子。渔夫责怪他不守信，出尔反尔。富翁说："你一个打渔的，一生都挣不了几个钱，突然得 10 两金子还不满足吗？"渔夫只得怏怏而去。不料想后来那富翁又一次在原地翻船了。有人欲救，那个曾被他骗过的渔夫说："他就是那个说话不算数的人！"于是商人淹死了。商人两次翻船而遇同一渔夫是偶然的，但商人的不得好报却是在意料之中的。因为一个人若不守信，便会失去别人对他的信任。所以，一旦他处于困境，便没有人再愿意出手相救。失信于人者，一旦遭难，只有坐以待毙。

孟子说："人而无信，不知其可也。"一个全无信用可言的人，一定会为众人所不齿。言必行，行必果，不仅是对别人的尊重，更是对自己的尊重。

4. 篱笆上的钉子

在你生活中，朋友和家人是你终身的宝贵财富，他们会让你变得坚强，勇敢地面对困难和挫折。在你遭遇人生低潮的时候，他们总会义无反顾地给你鼓励，一如既往地向你敞开心扉，给你最大的支持。但太多的时候我们认为这都是理所当然的，甚至从未说过一句谢谢。请注意，对待身边的人，千万不要做出伤害他们的事，包括一句言语、一个动作，不要认为他们不会介意，这就像在围栏上钉过的钉子，他对你给的伤害一直默然不语，但每次都会留下很深的伤痕，直到满身伤口，而悄然倒下，那时我们的人生也将失去最忠诚的导师，而陷入孤立无援的境地。发脾气是一把双刃利剑，不仅伤害了别人，同样也重伤了自己。

吉姆是个调皮而且爱生气的孩子，每次和小伙伴玩耍回来经常都会争得面红耳赤。一天，老吉姆给了他一袋钉子，告诉他，每次发脾气或者跟人吵架的时候，就在院子的篱笆上钉一根。第一天，男孩钉了 24 根钉子。此后，他慢慢地学会了控制自己的情绪，每天钉的钉子也逐渐减少。吉姆突然发现，控制自己发脾气其实比钉钉子要容易很多。终于有一天，他一根钉子都没有钉，他兴冲冲地把这件事告诉了老吉姆。

老吉姆对他说："从今天开始，如果你一天都没有发脾气，就可以在这天拔掉一根钉子。"日子一天一天过去，最后，篱笆上的钉子全被拔光了。爸爸带他来到篱笆边上，对他说："儿子，你做得很好，可是看看篱笆上的钉子洞，这些洞永远也不可能恢复了。就像你和一个人吵架，说了些难听的话，你就在他心里留下了一个伤口，像这个钉子洞一样。"

插一把刀子在一个人的身体里，再拔出来，伤口就难以愈合了。无论你怎么道歉，伤口总是在那儿。要知道，身体上的伤口和心灵上的伤口一样都难以恢复。你的朋友是你宝贵的财产，他们让你开怀，让你更勇敢。他们总是随时倾听你的忧伤。你需要他们的时候，他们会支持你，向你敞开心扉。

5. 不寻常的迟到

善良也常常被人误解：善良给人以宽容，有时却被看作是软弱；善良给人以亲切，有时却被看作是虚伪；善良为人老实，有时却被人看作是窝囊；善良做事谨慎，有时却被看作是保守。即使是这样，善良还是会不失本色。

琪琪是一个学习成绩一般，外貌并不十分出众的男孩。看着别的同学又唱又跳，成绩又那么好，他不知躲在角落里偷偷哭过多少次，用自卑把一颗心紧紧地困住。

因为琪琪的沉默，班上的同学没有人注意他，下课时别人都去操场上玩儿了，他便去把黑板擦得干干净净，把地面扫得纤尘不染。没有人注意到他所做的一切，他也不想让别人知道，只是觉得自己应该这么做。

一天，琪琪迟到了，当他怯生生地喊了一声"报告"走进教室时，同学们的目光都投到了他身上，随即教室里响起了一阵笑声。

原来，琪琪今天的衣服很零乱，头发也梳得不整齐，一看就知道是起晚了胡乱穿上衣服就赶来了。听着同学们的笑声，他低着头很难过地站在教室门口，眼泪都快流出来了。

老师走过来帮琪琪整了整衣服，微笑着说："琪琪，你快回到座位去吧。今天咱们的课已讲了一半了，如果你有什么听不明白的地方下课后来找我。"琪琪点了点头，脸红红地坐到座位上。

同学们的笑声还是此起彼伏，教室里一直安静不下来。老师环视了一下教室，"好吧，既然你们今天都这么有兴致，那大家说一下自己的特长吧。"

于是，班里的学生们兴奋起来了，他们轮流发言，有的说自己唱歌好，有的说自己跳舞好，有的会书法，有的能画画，有的会弹钢琴……只有琪琪坐在那里静静地听着。

忽然，老师说，"琪琪，你也来说一下自己的优点吧。"琪琪一惊，红着脸站起来小声说："老师，我没有特长。"

老师走到琪琪的身旁，轻轻地摸了摸他的头，对大家说："你们也许不会注意到，平时是谁在课间把地面扫得干干净净，是谁每天早早地来到教室把每张书桌擦得一尘不染。这就是琪琪同学，他一直默默地做着这一切。今天他迟到了，你们还嘲笑他。"

顿了顿，老师继续说道，"好吧，琪琪，现在你和同学们说一下，你今天迟到的原因。"

琪琪看了看老师，认真地说，"今天，我正准备下楼上学，看见邻居王奶奶刚买了一袋大米，就帮她把大米搬回了家！"

"王奶奶是一个孤寡老人，她已经多次来学校反映琪琪帮助她的事情了。同学们，你们都有各方面的才华，琪琪同学却没有，可是他有一颗善良的心，善良也是一种特长啊！"老师说。

顿时，教室里响起了一片热烈的掌声，大家第一次发现，这个平时没人注意的男孩原来竟是这样美好。

善良能使人美丽，美好的品行能帮你塑造美好的形象。你做过的事，说过的话，动人之处都会存在心里，点点滴滴积累起来，慢慢地令你周身透出可亲、动人和美丽的光芒，充满迷人的魅力。

6. 朋友的答案

友谊是需要彼此付出的，我们不能过多的去要求我们的朋友为我们做什么事情，友谊需要两个人共同的付出才会有回报，才会有收获。纯洁的友谊来不得半点虚假。当朋友需要我们时，我们应该及时地出现在他们身边。当朋友有了缺点和不足时，我们要尽自己的力量去提醒他，真诚地帮助他。当朋友取得成绩和进步时，我们要和他一起分享快乐，为他欢呼。

小伍和小飞是同班同学，有一回，班上进行一次数学小测验。平时一贯对数学不太感冒的小伍悄悄对小飞说："喂，待会儿多关照我啊！"小飞感到莫名其妙，一时不知道怎么回答他。考试进行到一半时，小伍碰了小飞一下，悄悄说道："第三大题第二小题怎么做？把答案写在纸上给我。"小飞心想：怎么办呢？告不告诉他啊？告诉他吧，我们离这么近，老师是不会发现的。

但是这样就是弄虚作假，虽然一时他会感激我，但一定对他以后的人生产生不良影响，那是害了他。不告诉他吧，我们关系非常要好，是形影不离的好友，如果因为这件事而影响了我们的友谊，就可能失去这位朋友。怎么办？经过几番思考，小飞还是给他写了一个小纸条，不过上边不是答案，而是四个字：诚实无价。考试结束后，小伍对小飞说："你什么意思？"小飞笑着对小伍说："考试没考好我们可以继续努力，而'诚实'如果丢了，也许就很难找回来了。"小伍沉思了一会儿，明白了小飞的用意。从那以后，小伍对数学也开始用功了，他们依然是非常要好的朋友。

朋友是灯，照亮夜行的路；朋友是火，点燃熄灭的灯；朋友是伞，没有朋友就像雨中无伞独行，唯有默默承受雨淋心头的那份伤痛。朋友是一种心的交流，在语言的撞击中你或许能得到意想不到的快乐。追思与畅想赶走了孤单，心灵的平衡带来谦让与宽容，人性因此而和善，世界也因此而更加美丽。让我们珍惜我们的每一位朋友，让友谊长存。

7. 生命的路标

善良，不仅仅是一个人的个性，不仅仅是一个人的素养，更应该是一个人延续生命的力量。它会让我们的心情更轻松，让我们的生活更加和谐，让我们时刻享受到做人的乐趣。

很久以前，有两个小村庄，一个村庄主要养猪，另一个主要养牛，村民们常常进行肉类交易。不过，这两个小村庄之间隔着一个茫茫的大沙漠。

两个村庄的村民要想到达对方的村庄，如果绕沙漠走，至少需要15天，如果横穿沙漠，用不了3天就能抵达，但横穿沙漠太危险，很容易迷路，多年来已经有许多人试图横穿了，却无一生还。

有一天，一位智者经过养猪的村庄，看到又有些村民带着大桶大桶的水上路了，"请问，你们这是要去哪里啊？怎么准备这么多的水？"

村民无奈地说，"我们要带着猪肉去和沙漠对面的村民交换牛肉，路途遥远不得不带这么多水啊！"并将这里的情况告诉了智者。

智者想了想，让村里人找来几千株胡杨树苗，告诉大家："你们把这些胡杨种在沙漠里，每半里一棵，一直栽到了沙漠那端的村庄。如果这些胡杨有幸成活，你们可以沿着胡杨树来来往往，如果没有成活的话，那么每一次行路人经过，都将胡杨树苗拔一拔，插一插，以免被流沙给淹没了。"

结果，这些胡杨树苗栽到沙漠里后，全都被烈日烤死了。但是，干枯的胡杨树成了一道路标，大家记着智者的忠告，每次经过沙漠，都会将胡杨树苗拔一拔，插一插，平平安安地走了几十年。

这年夏天，养猪村里来了一个流浪汉，他想到对面村里，大家便把智者的忠告告诉他，流浪汉带了一皮袋水和一些干粮上了路，他走啊走啊，走得两腿发软。浑身乏力，但眼前依旧是茫茫黄沙。

流浪汉心里想："反正我就走这一次，我才不管什么智者的忠告呢。"于是，他没有伸手去将一些快淹没的胡杨树路标向上拔，遇到一些被风暴卷得摇摇欲倒的路标，也没有伸手去插一插。

走向沙漠深处时，骤然间飞沙走石。等流浪汉睁开眼时，发现许多路标已经不见了踪影，有的胡杨树被淹没在厚厚的沙石里，有的被风暴卷走了，流浪汉就像没头的苍蝇到处乱窜，怎么也走不出这大沙漠了。

在筋疲力尽、气息奄奄的那一刻，流浪汉十分懊悔："如果我按照大家吩咐的那样做，那么即使现在没有前进的方向也会有一条平平安安的退路啊！"

智者能为他人着想，有先见之明；流浪汉的自私自利，让他自己给自己断了后路。人活在世上，不应只是关爱自己，一心只为自己考虑，一定要善待他人、关爱他人。很多时候，给别人留路，其实就是给我们自己开路。

Part3 "修养在内，名誉在外"——提升品性

1. 漏水的木桶

谁都有错误和缺点，人与人的关系好坏取决于对待错误和缺点的态度，总是提及他人错误和缺点的人是世界上最讨厌的人，反之，则是世界上最可爱的人。

尚智和尚是庙里的挑水工，他有两只木制水桶，其中一只水桶有裂缝，另一只完好无损。尚智每天把这两只水桶吊在扁担的两头，去山门外的小溪挑水。

其中，完好无损的水桶每次总是能将满满一桶水从溪边挑到寺院里，但是有裂缝的水桶到达寺院时，却总是只剩下半桶水。就这样，尚智每天用了挑两桶水的力气，却只能留下一桶半的水。

有裂缝的水桶每天看着尚智如此辛苦，感到非常对不起尚智，它非常惭愧地对尚智说："我很惭愧，必须向你道歉。因为水从我这边一路地漏，我只能送半桶水到主人家。我的缺陷，使你做了全部的工作，却只收到一半的成果。"

善良的尚智笑了笑说："你不要自责了，我从来没有抱怨过你，相反我还要感谢你呢。今天我们回家的时候，你留意一下路旁盛开的花朵。"

在回家的路上，有裂缝的水桶忍不住向路边看了看，它的眼前猛然间一亮，它看到路的一旁开满了缤纷的花朵，红的、黄的、粉的，各种各样的花朵在金色的阳光里笑着、舞着，多美的风景啊，有裂缝水桶感叹着，它被深深地迷住了。

这时，尚智说："你有没有注意到小路的两旁，只有你的那一边有花，好水桶的那一边却没有。我知道你的缺陷，所以我特意在你那边的路旁撒了花种，每回我从溪边回来，你就替我浇了一路花！这样，所有来寺院祈福的人都能看到美丽的花朵，而这一切都是你的功劳啊！"

听了尚智的话，有裂缝的水桶心里涌起了一股热浪，原来自己并不是无用的，它自豪不已，同时也深深地感谢这个善良而聪明的尚智，把自己的缺陷变成了一种美丽。

赞美的沟通方式可以培养一个人的胸怀和心境，它会让你的自信和修养、同情和仁爱升华为宽容。一个人倘若发现他人身上的美，并由衷地赞美，自己的襟怀也会变得宽广，更加虚怀若谷；一个人接受了别人的赞美，自信心会增强，心情会舒畅，会觉得天更蓝，水更清，花更红，人更亲。

2. 仇人和朋友

一个人的一生中，即使你品质高尚，心地善良，也难免遭到某些人的反对、攻击甚至陷害，如何对待伤害过自己的人，可以看出其胸襟与人品。有的人不究既往，不计前嫌；有的人以牙还牙，睚眦必报，前者才是有道德的人、能成大事的人。

春秋时期，齐国国君齐襄公被杀之后。在鲁国的公子纠和在莒国的公子小白都想回国去争夺王位。

为了争夺到王位，公子纠找到师傅管仲，让管仲想一个好办法。经过深思熟虑之后，管仲想出一个点子，刺杀公子小白。

在公子小白回齐国的路上，管仲带领人马追杀公子小白，管仲亲自射了一箭，射中公子小白的衣带钩。管仲见小白大叫一声，倒在车里，他以为小白已经死了，就不慌不忙地护送公子纠回齐国。

谁知，管仲他们正在半路上，还没有赶到齐国，便听闻公子小白已经当上了齐国国君，就是我们所说的齐桓公。原来，公子小白并没有被箭射死，他是诈死，并和鲍叔牙抄小道抢先回到了国都临淄。

齐桓公即位以后，即发令杀了公子纠，并把管仲关在囚车里送回齐国治罪。齐桓公非常恨管仲，说要亲自报管仲那一箭之仇。

等押送管仲的囚车抵达齐国后，鲍叔牙立即向齐桓公推荐管仲，"主公如果要干一番大事业，管仲是一个用得着的人，切勿杀他。"

齐桓公一听，气愤地说："你不是不知道，当初管仲拿箭射我，是要取我的命啊。现在，我想杀他都来不及呢，我怎能用他？"

"因为当初他是公子纠的人，所以他要对公子纠忠心。如果你能将他变成我们的人，想必他也会对你忠诚，也会为我们所用。"鲍叔牙说。

齐桓公本来非常恨管仲，恨不得杀了他，但是仔细想了想鲍叔牙对自己说的话，觉得很有道理，于是就为了国家的强大而摒弃了自己私人的仇恨，拜管仲为相。

管仲为齐桓公的度量所折服，立志以后要好好辅佐齐桓公治理国家。其他的人才听说了这件事之后，也纷纷到齐国为齐桓公效力。齐国得到了飞速的发展，齐桓公也成为春秋时期的第一个霸主，在诸侯争霸中站稳了脚跟。

管仲与齐桓公这种性命攸关的仇恨，一般人都难以忍受，更何况是一个拥有生杀大权的君主。但是，齐桓公摒弃前嫌，不计较仇恨，还把一个国家无比重要的相位交给管仲。"海纳百川，有容乃大"。在与人交往的时候，不应光看谁跟你有过节，谁跟你关系最好，而是要看谁最有能力，谁能对你的事业有所帮助。在很多时候，"仇人"也能变成你的贵人。

3.“丑陋”的庞统

很多人都会因为对美丽的偏爱，犯下以貌取人的错误。我们经常对那些衣着华丽的人表示出自己的羡慕和敬仰，而对那些外表朴素平凡的人则会投去轻蔑的一瞥，因此而做出错误的判断，误人又误己。

三国时期，东吴的国君孙权号称是善识人才的明君，虽然如此，他也有失误的时候。

周瑜死后，鲁肃见孙权身边缺少一个善谋的智者，便极力地推荐庞统。

当鲁肃带庞统前来拜见时，孙权看到庞统生得浓眉掀鼻、黑面短髯、相貌丑陋，心中很是不悦，即一口拒绝了鲁肃的推荐。

鲁肃将孙权拉到一边，低声地问：“主公，为什么不任用庞统，而且这么快就拒绝了他呢？”

孙权皱着眉头，回道：“我看他长相凶恶，相貌不及周瑜的十分之一，怎么看都不像是一个足智多谋的人，顶多一介莽夫。”

鲁肃打断孙权的话，提醒道：“主公错了，在赤壁大战的时候，庞统可是连连献计，立下了奇功啊。”

但是，孙权却不予理会，最终还是把庞统给逼走了。

后来，鲁肃又将庞统推荐给刘备，哪知道刘备也犯了同样的错误，认为庞统相貌丑陋，不值得重用。经关羽、张飞在旁边一直说情，刘备才勉强答应任用庞统。

经过一段时间之后，庞统的才能日益表现出来，对蜀军做出了很大的贡献。刘备不禁自责道：“庞统是一位不可多得之才，可是我的愚钝，使得自己差点与他失之交臂。”

外在形象所透露的信息是非常有限的，它只能体现一个人极小的一面，而不是全部，考量人的价值的不是漂亮的外表。还必须拥有真才实学，永远不要被人的外表所迷惑，切忌以貌取人。

4. 未被吃掉的土拨鼠

当你轻视别人的时候，别人同样轻视你。在被你轻视的人中，极有可能出现日后决定你命运的关键人物。所以，尊重和善待每一位你所接触到的人，就是尊重和善待我们的生命。

一只土拨鼠偷了家狗的一块面包，被家狗追得四处逃窜。情急之下，土拨鼠逃到了一个山洞里面。

家狗追到洞口，一看门牌上标的是豹子。它不敢招惹豹子，心想："你这个笨老鼠，这下死定了。"便得意洋洋地离去。

土拨鼠躲在山洞口，看到家狗离开了，才松了一口气。它刚想离开，不想一回头豹子已经站在了身后。

"土拨鼠，谁让你跑到我家里来呢？我要吃了你。"说着，豹子张开了血盆大口。

土拨鼠苦苦哀求："豹子，我不知道这是你的家，我是无意的，请你放了我吧。"土拨鼠害怕得话都说不清了。

"看你可怜兮兮的样子，你那么小根本不够我吃的，你快滚吧。"豹子不耐烦地说道。

土拨鼠一边往山洞口走，一边说："豹子，我以后会好好报答你的。"

豹子听了哈哈大笑，"你一个小小的鼠辈谈何报答啊。"

一天，豹子在外面找食物的时候，不小心被猎人布置的网给网住了，它苦苦地哀求其他动物们救救它，但是，没有人理睬豹子，因为它们谁也不想自己往人类的枪口上撞。

土拨鼠听说了这件事情后，赶紧跑过来，爬过去帮豹子咬开了网，救了豹子。

当豹子感激地向土拨鼠致谢时，土拨鼠自豪地对豹子说："你以前认为我个头小，不会有机会报答你的救命之恩，现在不这么想了吧。"

在社会交往中，我们不要轻视任何人，每个人都有他的优点和特长，说不定你的弱项正是他的强项，说不定关键时刻给你帮助最大的是你平时最看不上眼的朋友。不要轻视一个人的职业，每一份存在的职业都有它的作用。整个社会是一台宏大的机器，那么任何一个不起眼的职业就是一枚小螺丝钉，一旦缺少的话，机器迟早会出现故障。

5. 真正的朋友

虚伪的人，表面做一套，背后却是另外一套。他们喜欢口是心非，他们总是扮演好人的角色，但是实际上根本不是好人。虚伪的人，在你开始和他接触的时候，你是不会发现他虚伪的一面的，但是时间久了，自然会原形毕露。

森林里有一个很大的山坡，上面长满了各种各样的花草，风一吹花草连绵起伏着，远远地看起来很是漂亮。这里成了小绵羊的乐园，它经常和一些小伙伴在这里嬉戏。

这天，小绵羊一个人来到了山坡上，它玩得忘了时间，天很快黑了下来。它刚走到半山坡上，一只狼不知道从哪里蹿了出来，恶狠狠地瞪着它。

小绵羊害怕得直叫："救命！救命！大灰狼要吃我，救救我啊。"

猪远远地听到小绵羊的喊叫，便悄悄走掉了；牛听到了，也赶紧转身离开了；小松鼠更不用说了，比谁都跑的快。

这时候，山下的大黄狗听到小绵羊的叫声后，拔腿便朝山上冲去，一直顺着声音来到半山坡。只见它灵活地靠近了狼，趁其不备上去狠狠地咬着狼的脖子不放。

狼疼坏了，使劲地把大黄狗甩了出去后逃跑了，大黄狗一瘸一拐地把早已经吓得浑身哆嗦的小绵羊送到了家里，然后再离开。

乡亲们听说后都前来安慰受惊的小绵羊。

受惊的小绵羊在羊妈妈的怀里一直打着哆嗦，小绵羊的朋友们听说后都前来安慰它。

这时候，猪在那吹嘘道："小绵羊，我要是知道你被狼困住的话，我就召集很多野猪把狼吓死。"

"哼，当时要是我在，我就跑过去用牛角把狼拱死。"牛插嘴道。

"虽然我打不过狼，但是要是我知道的话，我肯定传信给大家，我们一起把这可恶的坏蛋赶出去，哼！那个大坏蛋。"小松鼠也愤愤不平地说道。

听着它们的话，小绵羊什么话都没有说，它看了看前来安慰自己的乡亲们，却没有找到真正的朋友——大黄狗的踪影。

在生活中，各种各样的人都有，其中有的人平时总是夸夸其谈，投机取巧，奸诈谄媚，遇到事情时却不见了踪影。因此，在选择朋友的时候，千万不要被那些花言巧语所蒙蔽。要知道，真正的朋友，真正优秀的人，做的要比说的多，而且常常是在你最需要的时候挺身而出，拔刀相助。

6. 被继续聘用的名士

伊索寓言中说道"美好的东西在质不在量"。这句话表明了"质量与数量相比，质量更为重要"的道理。确实如此，质量比起数量来更加重要。"猫生九子不如虎生一子"，一只老虎的"质量"胜过了九只猫的数量，"星星虽多，但不能高攀太阳"，一个太阳的"能量"胜过了千千万万星星的数量。

普德由于富甲一方，他出门做生意时总是感到不踏实，像是有人要抢他似的，有时又担心别人骗他，整天忧心忡忡。

于是，普德不惜花重金请来一位既身材魁梧，又足智多谋的名士做他的保镖。虽然，这位名士尽职尽责，帮了普德不少的忙。但是，由于雇佣的费用太多了，时间一长，普德便对这位名士产生了不满。

后来，有人给他介绍了三个普通的保镖，说他们也可以一样保护他，而且要的价钱也很公道，三个人加起来的价格还不如那一位名士的多。

细斟酌后，普德还是贪念那一点钱财，把自己的决定告诉了名士，"你的酬劳太高了，足够我请很多人在我身边保护我。"

名士点了点头，便准备独自回去收拾自己的东西。

普德很奇怪，他叫住名士说："你难道一点也不难过啊！我开除了你，你就暂时没有收入了，你失去的可是一大笔的金钱啊。"

名士不以为然地笑笑说，"其实，我的损失相比较于你的损失小得可怜。老板，真正应该难过的是你才对啊。"

普德大吃一惊，问道，"你说这话，是什么意思？"

名士说，"我给你讲一个故事吧。从前，有个牧羊人养了一条狗，让它帮忙管理羊群。可是，这只狗吃的东西太多了，于是牧羊人便不想要它了，你知道他朋友怎么劝他的吗？"

"怎样？"普德问道。

"他的朋友说，要是我的话，即使是这样，我还会继续把这只狗留在身边，这到处都是狼，虽然狗能吃很多的东西，但是如果没有了它，你的羊群没了，那就什么都没了。"名士耸耸肩说道。

普德想了很久，最后还是决定把名士留在身边。

与其找一堆花费不高却才能平庸的人，还不如聘请一个能力强、薪水要求高的人。第一次就能寻找到一次就把事做对的人，那才是最便宜的投资。

Part4 "观人察其内心；律己自重貌相"——良好形象

1. 形象是自己的"品牌"

着装是一个人强烈、显著的信号，服装只要穿着得当，就是最有力的沟通工具之一，也是最便捷的人际交往"名片"。

刚走出大学校园的凌风被一家著名化妆品销售公司聘用了，第一天上班公司就给新员工统一发了一套西装。

这是凌风的第一份工作，由于刚踏出校门，交通工具只是一辆破破烂烂的自行车。凌风平时喜欢穿休闲装，他觉得，一个男人穿着讲究的西服，却骑着一辆自行车，简直不伦不类。所以，上门谈业务时，他没有按公司的要求，而是一如既往的一身休闲装。

一天，当凌风敲开一家客户的门并简单地介绍了一下自己后，客户淡淡地说："对不起，我们现在不需要任何化妆品，你去别家问问吧。"凌风一听，显得特别不高兴，这种情绪马上反映在脸上，他试图争取一下，但门已关上了。

当凌风扫兴地走下台阶时，一位老伯冲他打招呼："喂，小伙子，你能陪我下一盘棋吗?"

反正业务也吹了，自己也喜欢下象棋，凌风便坐下来与老伯下起了象棋，老人对他的棋艺非常欣赏。谈话中，凌风告诉老人自己是某公司的业务员，运气非常不好，跑了一上午，吃了半天的闭门羹。

"生活中你都是这种精神面貌，也穿休闲装与客户谈业务吗?"老人问凌风。

凌风点点头。

老人认真地说:"今天因为下棋我们才坐到一起,如果你是以这样的脸色、行为举止和这身打扮到我家谈业务,我才不会理你!"凌风听后一时语塞。

第二天,凌风换上一套西服,礼貌地再次敲响客户的门。这次还真的成功了,他做成了第一笔业务,简直不可思议!从此,凌风开始注重自己的仪表装束,业务进展很快,一年后当上了部门经理。

现在凌风总是一身笔挺的西服在身,举止文雅得体,显得成熟、有档次。无论是多么棘手的业务,只要他一出面,就能马上成功。

凌风之所以会前后遭遇两种截然不同的结果,就是因为有好的教养和形象,别人就会认可你、接纳你,也愿意与你合作,相反别人是远离你,刻意与你保持距离,又何谈建立自己的品牌呢?所以要想打动他人、影响他人,必须要有好的教养和形象,成功地推销自己,让他人接受自己。

2. 秃尾的小孔雀

完美人生的三大标准是健康、财富、自由。健康是对一个人影响最大的因素,权力是暂时的,财富是后人的,唯有健康才是自己的,失去了健康就失去了一切。

野生动物园里,游客们不停地对一只开屏的小孔雀赞叹:"快来看啊,好漂亮的孔雀,展开的尾屏简直就像仙女手中的彩扇。"

小孔雀听后,甚为得意。于是,无论走到哪里,它都故意展开自己绚丽的尾屏,接受人们的赞叹和美慕。即使寒冷的冬天来了,它也不肯闭合尾屏来保暖。

孔雀妈妈见孩子在寒冬还展开着尾屏,严厉地对它说道:"天气这么冷,快把你的尾屏合起来,否则会被冻坏的。"

小孔雀立即摆摆手，态度坚决地说："不，妈妈，如果合上了尾屏，就没人赞叹我的美丽了，我宁愿受点冷、挨点冻，也要保持这种高雅、这种风度！"后来，人们再也没有见到这个小孔雀，这只孔雀仿佛突然消失了一样。

因为这只小孔雀被严重的冻伤，屏羽都脱落了，它觉得自己再也没了昔日的风度，便把自己关在家里，不肯出来见任何人。

良好形象固然很重要，但如果没有了健康，就无从谈起好的形象，所以，健康是好形象的前提，有了健康的身体，你才会有资本、有机会向他人展示你良好的形象。

3. "穿"出来的机会

得体着装不简单地等同于穿衣，它是着装人基于自身的阅历修养、审美情趣、身材特点，根据不同的时间、场合、目的，力所能及地对所穿的服装进行精心的选择、搭配和组合。在各种正式场合，注重个人着装的人能体现仪表美，增加交际魅力，给人留下良好的印象，使人愿意与其深入交往，同时，注意着装也是每个事业成功者的基本素养。

凌宇打算出版一张唱片，这需要五万元人民币，但这是他第一次创业，他一无所有，他想让一位富裕的企业家赞助他这笔钱。凌宇一向很注重个人形象。他清楚地认识到，商业社会中，一般人是根据一个人的衣着来判断对方的实力。于是，他想出了一个好办法。

凌宇和父母借了八千元，他到一家大型品牌服装店买了三套价格昂贵、合体的西服，然后又买了一整套最好的衬衫、衣领、领带、吊带等。

每天早上，凌宇都会身穿一套全新的衣服，在同一个时间、同一条街道与这位企业家"邂逅"。凌宇每天都和他打招呼，并偶尔聊上一两分钟。

这种例行性会面大约进行了一星期之后，凌宇身上所表现出来的这种极有成就的气质，再加上每天一套不同的新衣服，已引起了企业家极大的好奇心，企业家开始主动与凌宇搭话："你好？请问你从事什么工作？在哪里工作？你看来混得相当不错。"

这正是凌宇盼望发生的情况，他很轻松地告诉企业家："我最近正在筹备一张唱片，打算在近期内出版。"

"是吗？咱们真是有缘呢，我是从事传媒发行的。也许，我也可以帮你的忙。"企业家又惊又喜地说道。

于是，企业家邀请凌宇到他的俱乐部，和他共进午餐，在咖啡和香烟尚未送上桌前，已"说服"了凌宇答应和他签合约，由他负责录制及发行凌宇的唱片，而且他提供的资金不收取任何利息。

就这样，凌宇利用借来的八千元人民币，轻松换来了发行唱片所需要的五万元资金，顺利地开始了第一次创业。

并不是只有明星才有必要重视着装细节、个人形象，真正向往着成功的人士，深谙"欲谋其政，先处其位"的道理。其中，很多成功人士的经历已经显示了着装细节的重要性，证明穿戴恰当的人，更能在各种场合得到应有的尊敬和善待，能够最为有效地打开你的人脉市场，帮助你快速地达到目的。

4. 被辞退的原因

在与人交往的过程中，一个人的仪表与着装往往决定着别人对你印象的好坏。正所谓"人靠衣妆马靠鞍"；"佛要金装，人要衣装"。作为职业人，依场合、人物、事件对衣服进行搭配是常有的事情，也是特别要注意和做到的。

王东是一个非常聪明和有上进心的电子技术工程师，大学毕业后进了北京一家著名的科技公司，他凭着自己优秀的能力，很快就得到了经理的赏识，同事们也很佩服他的勤奋和能力。可过了一段时间后，大家改变了对王东的看法。

由于电子技术的精密性，王东又是个工作狂，他经常全副精力地投入工作，而很少注意自己的穿衣打扮。他的头发永远像一堆乱草，手指甲因为经常抽烟，又黄又黑，一件衣服一穿就是一个星期。

到了夏天，这种情况就更明显了。因为怕热，王东总爱穿着个大短裤，趿拉着一双拖鞋就上班，不仅女同事对他的这副装扮面面相觑，连男同事也暗地里直摇头。忙的时候，只见他打着赤脚在办公室里穿梭往来，拖鞋被他踢得这一只，那一只。

同事们从王东身旁经过的时候，都侧头掩鼻而行，为什么呢？因为他经常不洗澡，身上都散发出汗臭味了。有时候，估计他早上从床上爬起来就来上班了，也不洗漱，同事们连说话也不敢近距离跟他说了。

经同事们反映情况后，经理把王东叫到一边，委婉地说："你的工作表现我是很认可的，但在公司不同于在家，在个人形象和穿着上还是要正规一些。"

王东嘴里答应，但是心里却认为，我一个大男人只要把工作做好就可以了，注意那些衣着打扮的细节干什么呀，老板和同事们真是多此一举。因此，一回过头工作起来，老毛病又照犯。

渐渐地，同事们的不满情绪逐渐从抵触到了极度不满，他们坚决地向老总提出抗议，认为办公室里有这样的同事极度影响他们工作的心情和效率，希望经理尽快采取措施。

经理权衡利弊，只好忍痛割爱，将王东叫到了办公室："对不起，你被辞退了。"

看着王东惊讶的表情，经理继续说道："虽然你很优秀，但是你的穿着打扮却让我觉得你是一个粗心大意的人，粗心恰恰是我们这种工作的最大弊端。"

由于王东没有把着装当成一件大事来做，太不注重个人形象了，给别人造成了一种不认真的错觉。得不到同事的尊重，直接影响了事业发展。着装上的细节，体现了一个人对工作的态度。如果你希望树立自己的良好形象，并在职场中有所作为，你就应该明白着装比你想象的要重要得多。

5. 经理的开场白

第一印象在人际交往中所具有的定式效应有很大的稳定性，一个人留给他人的第一印象就像深刻的烙印，很难改变。心理学家研究发现，人们的第一印象的形成是非常短暂的，有人认为是见面的 40 秒，有的人认为只有 2 秒。在现实生活中，有时几秒钟就可以决定一个人的命运。

某求职者在竞聘总经理助理职位的过程中，该公司总经理在会场说了这样的一番开场白："大家好！我一个月才来公司一次，一次只待一个小时，但是在这一个小时里，我却能很快地捕捉到足够的信息，了解你们中的大部分人。你们相信么？"

听着台下的议论纷纷，总经理笑着说道："比如说今天，我刚走进这个会议室，你们中的一部分人就给了我这样的第一信息：有人超过一周没有洗过澡，甚至有人超过三天没洗过脚。"

下面在座的人有的在笑，有的不好意思地脸红了。总经理接着说："这是空气传达给我的信息。第二个信息就是，我从你们的着装可以看出谁是认真对待这次竞聘，谁只是跟着来这里看看热闹的。"

这时，没有人笑了，大家有些不解地看着总经理。

"我从你们的着装中看出，谁是真正地在乎这次竞聘，谁只是想试一试，谁性格活泼好动，谁有些内向沉默。"总经理说道，"当然，这不是我们这次竞聘的主要看点，我注重的是一个人的能力，不过，如果你给人的第一印象就不是很好，即使你再怎么有能力，你也很难得到一个发挥自己能力的空间。"

台下默不作声了，总经理又说道："在这一点上，1960年肯尼迪和尼克松在美国电视台举行的首次美国总统竞选电视辩论就是一个很好的例子。肯尼迪各方面的能力并不比尼克松强，只是肯尼迪以其打扮得体、年轻精干的形象，显示了自己在领导气质、人格魅力、个人形象等各方面的优势，从而赢得了选民的青睐，击败了打扮老土，在电视上看上去有些衰老的尼克松。"

顿了顿，总经理又说道："今天无论是谁将胜出，我都希望他明天以一种崭新的姿态出现在公司。男职员要穿西装、打领带、穿皮鞋，没有的，可以在正式上班之前弄到；女职员可以稍微打扮一下自己，抹点口红，这样看起来会很有精神。"

很多人都在深思。

真正向往着成功的人士，第一步就是懂得着装打扮，给别人一个良好的第一印象。将自己包装得越得体，你就越容易让上司或同事接受你，甚至在这一点上，有时会对你的成功起到决定性的作用。

Part5 "不可逆转的是时间，不可侮辱的是人格" ——自爱自重

1. 北飞的小天鹅

在社会角逐过程中，有太多人过多关注于光华的表面，看重一些花拳绣腿的功夫，却忽略了物象内在的本质存在。人生在世，总要追求些质朴实在的东西，就应该抛去浮华，追求本真。

在南方的一片森林中，住着喜鹊、乌鸦、老鹰、小天鹅等鸟儿。小天鹅是这片森林的"美人"，人人都称赞它漂亮、高贵、有气质。听到夸奖后，小天鹅心里很是高兴。

时间一长，小天鹅觉得除了自己外，其他的鸟儿都丑陋不堪，不配与自己为伍，它开始厌倦这片森林的生活。

于是，小天鹅展开翅膀，决定往北飞，去寻找能与自己匹配的鸟儿为伴。

飞行途中，小天鹅碰到了一群南飞的大雁。领头的大雁对它说："小天鹅，你这么漂亮，怎么现在往北方飞呢？"

小天鹅耸耸肩膀，无奈地说："雁大姐，你是不知道啊，南方的鸟儿都长得太难看了，我与它们在一起生活，会降低我的身份的。"说完，小天鹅又准备向北飞去。

"可是，朋友，"领头的大雁真诚地对小天鹅说，"北方天气已渐冷，你飞到那儿去，你怎么过冬呀？和我们一起回南方吧。"

"不！不！我不要回南方，我要去寻找能与自己匹配的鸟儿为伴。"小天鹅说完，固执地向北方飞去。

等小天鹅飞到北方后，冬天已经到了，森林里的树叶纷纷落下，小天鹅的羽毛也随着季节的变化褪落了许多，根本抵挡不住北方的严寒。

一场大雪过后，小天鹅还没有找到漂亮的鸟儿，却先被冻死了。

良好的外表对一个人固然重要，但更重要的是他的品质。切忌为了追求外在的浮华，而将时间和生命虚度。人活着只能靠自己，外在的美虽然可以为你赢得一时的快乐，但真正支撑你一生的是内心的品质。自己清楚哪些东西对自己有帮助，哪些东西对自己可有可无是非常有必要的。

2. 证明自己的狐狸

"人非圣贤，孰能无过。过而能改，善莫大焉。"人生于天地之间，都是吃五谷杂粮长大的凡夫俗子，不可能一点错误都不犯。不要逃避自己所犯的错误，大胆地正视，及时地改正，就是自爱自重的表现。

森林里住着很多动物，有可爱的松鼠、淘气的猴子、漂亮的绵羊、帅气的狼先生……但还有一只让人讨厌的、狡猾的狐狸。

这只狐狸趁小松鼠睡觉的时候，把小松鼠辛辛苦苦摘来的松果偷走，悄悄地在小猴子背上贴了"我是笨蛋"的纸条，还挖了一个陷阱使小绵羊掉进了陷阱里……狐狸还做了好多好多的坏事，所以森林里的动物十分讨厌它，谁也不愿意跟它做朋友。

有一天，狐狸生病了，它烧得头昏眼花，额头通红。狐狸多想有人帮它端水做饭呀，可是没有人搭理它，也没有一只小动物来看望它。狐狸一个人待在空荡荡的房子里，它觉得寂寞无比，它很是伤心，便来到河边想要结束自己的生命。

狼先生看到狐狸想要跳水自杀，飞快地跑上去咬住了狐狸的衣服，关切地问："你为什么要跳水寻死呢？"

狐狸说："我生病了，没有一只小动物来看我，我不想活了。"

"那是因为你以前做了太多的坏事！"狼先生一针见血地指出道。

"那还有什么办法可以挽救呢？"

"当然有。苦海无边，回头是岸，只要你诚心向大家道歉，改过自新，大家就会原谅你了。"狼先生说。

狐狸羞愧地一笑，接受了狼先生的建议。它赶紧来到小松鼠家门前，对小松鼠说："小松鼠，我是狐狸，我以前偷吃了你的松果，是我不对。我想对你说对不起，希望你能原谅我！"

小松鼠瞪了狐狸一眼，生气地说："谁知道你是真心还是假意？没准你又想出了什么鬼主意，我不会相信你的。"

没有一只动物相信狐狸的话，于是狐狸来请教狼先生，狼先生建议它用行动来证明。

狐狸马上行动起来，它主动帮小松鼠摘松果，帮小猴子捉虱子，给小绵羊的小草浇水，帮小兔子运萝卜，帮山鸡看管刚产下的蛋……狐狸做了好多好多的好事！

大家开始纷纷议论起来狐狸的改变。过了几天，狐狸一觉醒来，看见门外有好多小动物，动物们对它说："我们决定原谅你了，我们都是好朋友，永远不分离！"

狐狸终于以自己的实际行动，重新赢得了动物们的尊重，它开心地笑了！

没有人会不犯错误，犯错误并不代表你从此就是坏人或无用之人或低人一等，重要的是犯了错误之后，能够汲取过去的教训，懂得如何及时去改正。俗话说得好，浪子回头金不换。只要你及时回头，不自暴自弃，有决心改正，那么，一切都为时不晚，你仍然是一个受人尊敬的人。

3. 麻雀的演唱会

在人生中遇到的事情，没有必要以谁对谁错、谁好谁坏的心理去对待。凡事以一颗平常心，正确地对待与自己相关的人或事。通过不同的经历，有意识地培养自己的心理承受能力，以平和、乐观的态度对待身边的人或事，让自己始终有个好心情。

夜莺和百灵鸟是大家公认的森林里的歌唱家，它们甜美、悦耳的歌声，非常好听，听它们唱歌，简直是一种享受。

有一只麻雀羡慕夜莺和百灵鸟因歌声而受到鸟儿们的拥戴，它也想当森林的歌唱家。经过深思熟虑后，麻雀决定开一个独唱音乐会，一展自己的歌喉，让鸟儿们都见识见识它的真本领。

不过，麻雀心里十分清楚，它只不过是鸟类中一个末流的歌唱者，光靠自己个人演唱是不会受到大家欢迎的。自己应该怎么办呢？

麻雀找到了夜莺和百灵鸟，请求夜莺为它伴唱，百灵鸟为它在台上翻谱。夜莺和百灵鸟禁不住麻雀的苦苦哀求，双双答应届时一定参加它的演唱会。

"麻雀要开个人演唱会了，夜莺将为它伴唱，百灵鸟将为它在台上翻谱。"麻雀高兴地将这条消息公布在了森林音乐会的信息栏上。

麻雀的演唱会如期在森林音乐厅中举行。

可是第二天，《森林王国早报》在头版头条用套红的方式发表了一篇"社论"，其中有这样的一段话："昨天晚上举行了一场十分有趣的音乐会，那只应该主唱的鸟儿不知道为什么成为了伴唱，那只应该伴唱的鸟儿却在翻谱，而那只本应翻谱的鸟儿却成为主唱！"

结果，麻雀不仅没有如愿成为森林歌唱家，还遭到了鸟儿的笑话。

在生活和工作中，人与人交往的时候难免会产生一些争论、一些攀比，如果处理不好就会对彼此的生活和工作产生不良的影响。说服自己保持一颗平常心，这是你不至于跌入低谷的有力保证。如果总是好高骛远，虽有可能成功，但让你陷入失败深渊的概率就非常大。爬得越高，摔得越重。

4. 自恋的孔雀

在当今社会，不可避免地有很多自恋的人存在，与这类人相处，只要稍有点处理不当，就会招致不少麻烦。轻则工作不愉快；重则影响职业生涯。因此，与人相处，关键是要学会低调，不炫耀自己，避免成为别人的眼中钉。

　　孔雀是公认的"美人"，它一身五彩斑斓的羽毛，既娇艳又高雅。孔雀因此骄傲自满，认为自己是天底下最美丽的鸟儿，不愿意听到有人夸其他的鸟儿漂亮。

　　一天傍晚，孔雀在散步的时候与丹顶鹤不期而遇了。孔雀把头抬得高高地说："我呀，是世界上最美丽的鸟儿，谁也比不上我！"

　　丹顶鹤也不甘示弱，大声地嚷道："哼！我的腿又细又长，我的羽毛又白又亮，我才是世界上最美丽高雅的鸟儿呢！看你一身花花绿绿的，真是俗气死了……"

　　就这样，孔雀与丹顶鹤吵了起来。它们谁都吵不赢对方，竟然大打出手，你啄我，我咬你。结果，两人身上漂亮的羽毛都被损坏了，只好慌里慌张地跑回了家。

　　一段时间后，孔雀漂亮的羽毛都修复好了，它到一条清澈的小河边散步，伸伸脖子正想洗洗脸，忽然发现水里有一只和它长得一样漂亮的鸟儿。

　　孔雀非常生气，心想："森林里怎么会有和我一样漂亮的鸟儿呢？这是怎么回事？哼！不管怎样我决定跟它比一比谁更美。"

　　孔雀展开自己五彩的羽翼，对水里的鸟儿说："我的羽毛漂亮吧！"但是孔雀看到，水里的鸟儿也展开了一身五彩的羽翼。

　　"它怎么也有一身跟我长得一样的羽毛呢？"孔雀感到很是奇怪，它使劲跳了几下，可水中的鸟儿也跳了几下。

　　这下，孔雀可火了，它大声地嚷道："我才是森林里的美人，是最漂亮的鸟儿，你居然想跟我比，想超过我，真是不知好歹，我要狠狠地教训教训你。"

　　说完，孔雀便朝水里的鸟儿扑去，然而等它跳入水中时，那一只鸟儿却怎么也找不到了。孔雀以为那只鸟儿躲了起来，就钻进水中找，结果什么也没有找到，却把自己淹死了。

　　孔雀因为没有开阔的心胸，容不下比自己漂亮的动物，结果失去了美丽，丢掉了性命。在处世中，即使我们再优秀，也不要让自恋情结主宰了自己的情绪，心里容不下别人，否则后果不堪设想。

Part6 有"礼"走遍天下，无"礼"寸步难行——注重礼仪

1. 一句"谢谢"的分量

有"礼"走遍天下，无"礼"寸步难行。因为无礼而碰壁的大有人在，有的人还因为一些礼节上的琐事，闹得不欢而散甚至大打出手。因此，现代社会生活中我们必须正视礼仪的重要性。

有一批大学生即将面临毕业，学校为了让这批学生更快更好地进入社会，派导师组织他们到某科研单位的实验室里参观。赵鹏也是其中的一名毕业生。

到了这家科研单位后，全体学生坐在会议室里等待负责人的到来。这时，一位秘书很有礼貌地给大家倒水，同学们表情木然地看着她一个人忙前忙后，甚至一句"谢谢"也不说。其中有一名同学还挑三拣四的，向秘书要解暑的绿茶。

轮到赵鹏时，他轻声对秘书说："谢谢您，辛苦了。"秘书抬头看了赵鹏一眼，满含着赞赏的眼光，虽然这只是一句很普通的客气话，但却是她今天听到的第一句，也是唯一的一句。

过了一会儿，科研单位的负责人走进会议室和大家打招呼："同学们好！欢迎你们到我们这里来参观，我是科研院的部长。"

不知怎么回事，没有一个同学回应，有的同学甚至还在交头说话，好像没有听到该负责人的话。

部长看了看四周，继续说道："平时这些接待、讲解的事情一般都是由办公室负责人来做，因为我和你们的导师是老同学，非常要好，所以这次我亲自来给大家讲一些我们实验室的有关情况。"

静悄悄的，赵鹏左右看了看，犹犹豫豫地鼓了几下掌，同学们这才稀稀落落地跟着拍手，由于不整齐，越发显得零乱。

"可是，我看同学们好像都没有带笔记本。"部长挥了挥手，示意停下，并将头转向旁边的秘书："这样吧，刘秘书，请你去拿一些我们部里印的纪念手册，就算是送给同学们作纪念吧。"

接下来，更尴尬的事情发生了，大家都坐在那里，很随意地用一只手接过部长双手递过来的手册，部长脸色越来越难看，已经快要没有耐心再发下去了。

走到赵鹏面前时，赵鹏礼貌地站起来，身体微倾，双手接过笔记本恭敬地说了一声："部长，谢谢您！"

闻听此言，部长不觉眼前一亮，伸手拍了拍赵鹏的肩膀："你叫什么名字？"

"赵鹏。"赵鹏照实作答。

三个月后，毕业分配表上，赵鹏的去向栏里赫然写着该科研单位。

"赵鹏的学习成绩一般，而我们很多人都比他优秀，为什么科研单位选他而没选我们？怎么这么不公平！"有几位颇感不满的同学找到导师，愤愤不平地说。

导师看了看这几张尚属稚嫩的脸，严肃地说："是科研单位点名来要赵鹏的。其实你们的机会是完全一样的，你们的成绩甚至比他还要好，但是赵鹏比你们懂得对别人的善意行为表示感恩。除了学习之外，我们需要学的东西太多了，修养是第一课。如果一个人都不懂得对人家的善意感恩，光学习好又有什么用呢？"

赵鹏由于对一些小小的善意都报以感恩之心，所以才能够得到别人的赏识，得到机会的青睐。对家人表示真心的感谢，家人回报你的是浓浓的亲情；对朋友表示真心的感谢，朋友回报你的是坚不可摧的友情；对偶尔向你伸出援助之手的陌生人表示真心的感谢，你的人生旅程将会更加顺利。总之，对别人的善举说一句真诚的"谢谢"，能够给人留下良好的印象，能让你在今后的相处中占尽优势。

2. 青蛙变蟾蜍

诚恳地与对方交流，耐心地把对方的话听完，是对别人最起码的尊重，也只有这样，你才能真正听懂对方话里的意思，而不至于引起曲解和误会。

这天，小青蛙在河边的草地上晒太阳，来了一条小花蛇。小青蛙看到小花蛇身上光溜溜的，特别美慕，便问小花蛇："我总是在水中生活，为什么身体却不如你们干净？"

小花蛇回答说："我出生的时候，妈妈烧了一锅开水……"

但是，小青蛙性情急躁，它没等小花蛇说完，就打断了小花蛇的话，问道："水烧开以后，你跳进去了吗？一定是这样的，我知道啦。"

"谢谢你，小花蛇。"说完，小青蛙就兴奋地跑到河边，一跃跳进了河里，一转眼就不见了。任凭小花蛇在后面急切地呼喊。

小青蛙回到妈妈那里，吵着要洗热水澡。"可是……"青蛙妈妈刚一开口，小青蛙便打断了它的话，"我已问过小花蛇了，它就是洗热水澡身体才干净的，你别管了。"青蛙妈妈只好走开了。

等炉子上的水一开，小青蛙就急不可待地跳进锅里，滚烫的水烫得它疼痛难忍，随即蹿出锅来，可是身体已差不多全被烫伤。伤愈后，它变得满身斑斑点点、疙疙瘩瘩了。

悲伤的小青蛙找到小花蛇，抱怨道："小花蛇，我和你无怨无仇的，你为什么要这样害我?"

见到小青蛙变成了这样,小花蛇大吃一惊,连忙问:"小青蛙,你这是怎么了?你为什么说是我害了你呢?我没有对你做什么啊?"

小青蛙恼火地说:"你不是说你是洗了热水澡身子才这么光滑吗?我用热水洗澡后就变成了这样,你能说这不是你的错吗?"

听了小青蛙的话,小花蛇无可奈何地说:"我原来想说,等开水凉了以后,妈妈给我洗了澡,然后又给我身上抹了层油,因此我的身体总是干净的。但是,你根本就没有让我把话说完就走了。"

如果一个人总是性子太急、脾气太躁、头脑易发热,关键的话没有听到,就对某一件事情匆忙下结论,那他就会不停地给自己找麻烦,就像那只小青蛙一样,本想把自己洗个干净,有一个美丽的外表,却不曾想到反而把自己烫得疙疙瘩瘩,丑陋不堪。因此,听人说话时,一定要耐心地听对方把话说完,这不仅是一种礼貌待人的表现,而且有利于你做出正确的决定。

3. 无地自容的杰克

"一个人的礼貌就是一面照出他肖像的镜子。"的确,人们总是根据你的言谈举止评价你。在生活中要随时提高自己的礼仪意识,重视礼仪。只有这样,才能使自己逐步养成文明礼仪习惯,成为有气质、有风度、有教养的现代文明人。

杰克是一个非常顽皮的孩子、说话粗鲁、办事莽撞,甚至被认为是镇上最没教养的孩子。

一天下午,杰克和同伴放学回家,刚好碰到一个陌生男人从村子里经过。那人衣着朴素,但却非常整洁。他手里拿着一根细木棍,棍的另一端还有一些行李,头上戴着一顶大遮阳帽。

很快,杰克打上了这个陌生人的主意。他向同伴挤了一下眼睛,说:

"这人咱们没有见过，看我怎么戏弄他。"说完，他偷偷地走到那人背后，打掉了他的大遮阳帽。

那人转过身看了一下，还没等他开口说什么，杰克就已经跑远了。那人捡起帽子戴上，继续赶路。杰克用和上次一样的方法想再戏耍那个人，可是这次他被逮住了。

陌生人怔怔地看着杰克的脸，杰克却趁机挣脱了。一会儿他发现自己又安全了，就开始用石块砸那个陌生人。结果，一块石头砸中了那人的脑袋，血顺着头发流了下来。

杰克感到害怕了，他偷偷摸摸绕过田野，往家里跑。当杰克快到家时，妹妹凯莉刚好出来碰到他。

凯莉手里拿着一条漂亮的金项链，还拿着一些新书，她激动地说："哥哥，几年前离开我们的叔叔回来了，现在就住在我们家里，叔叔给我们买了许多漂亮的礼物。为了给我们和爸爸一个惊喜，叔叔把自己的车停在了一里外的一家客栈。"

"叔叔？他现在在哪里？给我买的是什么礼物？你知道吗？"杰克激动地问妹妹。

凯莉有些懊恼地说："叔叔经过村庄时被几个坏孩子用石块砸伤了头，妈妈现在陪叔叔到附近医院包扎伤口了。"

"哥哥，你的脸看起来怎么这么苍白？"凯莉改变语气问杰克。

杰克告诉妹妹自己没有什么事，就赶快跑回家，爬到楼上自己的房间，不一会儿，爸爸叫他下来见叔叔。

杰克站在客厅门口，不敢进去。

妈妈笑着问："杰克，你为什么不进来呢？你平常可没有这么害羞呀！看看这块表多漂亮，是你叔叔给你买的。"

杰克羞愧极了，凯莉抓住他的手，把他拉进客厅。杰克低着头，用双手捂着脸。

"杰克，你不欢迎叔叔吗？"叔叔来到杰克的身旁，亲切地把他的手拿开，却又很快退了回来，"哥哥，他是你的儿子吗？！他就是在街上砸我的那个坏小孩。"

爸爸和妈妈知道了事情的原委，既惊讶又难过。虽然叔叔的伤口慢慢地好了，可是爸爸却说什么也不给杰克那块金表，也不给他看那些好看的书，虽然那些都是叔叔买给他的。爸爸说："这是粗鲁和莽撞带给你的损失，你要承受。"

杰克难过极了，他永远也不会忘记这次教训，杰克后来改掉了粗鲁无礼的陋习。

有礼貌、有教养是每个人都应该遵循的行为规范之一，粗鲁无礼地对待他人，妄想从贬损他人的行动中抬高自己，那么到头来受到伤害的只能是自己，而且粗鲁和莽撞还只会让你自食恶果。

4. 没有舞伴的狗熊

优雅的举止往往比容貌的美丽更能吸引别人。在生活中，文明的举止足以代替金钱的作用，有了它就像有了通行证一样，可以畅通无阻。

动物王国举办了一场舞会。当音乐响起时，大狗熊赶忙扔掉手里啃了一半的玉米棒子，一边大口嚼着玉米渣，一边寻找自己的舞伴。

大狗熊看到了美丽的梅花鹿，它便走到梅花鹿跟前，邀请梅花鹿跳舞。

梅花鹿见大狗熊嘴里还在不停地嚼着玉米渣，身上也脏兮兮的，便说："对不起，大熊。我今天头痛，不想跳舞。"

大狗熊又继续邀请小猴、小象，但它们都以想歇会儿的理由委婉地拒绝了大狗熊的邀请。大狗熊只好没趣地回到座位上，一个人无聊地喝起酒来。

一会儿，大狗熊发现狮子走到梅花鹿跟前。当狮子一弯腰，绅士般地一伸手邀请梅花鹿跳舞时，梅花鹿欣然和它一起步入了舞池。第二支舞曲响起时，小猴、小象等主动去邀请狮子跳舞。

看到这一切后，大狗熊疑惑不解地问刚从舞池下来休息的野猪，"老哥，你帮我想想，为什么我邀请梅花鹿、小猴跳舞时，它们要么说头痛，要么说想歇一会儿，可现在它们反而主动去邀请狮子跳舞，难道狮子的血统比我高贵吗?"

野猪上下打量了一番大狗熊，说道："不，老弟，问题不是出在这里，你应该在自己身上多找找原因。"

"从我自己身上找原因?"大狗熊不明白了。

"你瞧瞧你自己的形象吧，全身上下都是玉米渣，脏兮兮的，好像刚从野战场回来一般。你再看看狮子，全身上下光洁干净，举止彬彬有礼，要多斯文有多斯文，这就是它赢得众人好感的根本原因。"野猪说道。

有人说，男人的教养就好像女人的美貌，能够马上让人产生好感，事实上的确如此。有教养的人，他们在哪里都会受到人们的欢迎，都会拥有好人缘。

5. 公共场合的大众动作

在澳大利亚的许多公共场所，经常会看到家长们对子女做这样一个动作——将右手食指放在嘴上"嘘……"这时，哪怕最好动的孩子，也会立刻安静下来。这是澳大利亚家长们对孩子进行的"公众场合不能高声大嗓，以免影响他人"的教育。

关于澳大利亚"公众场合不能高声大嗓，以免影响他人"的教育，现居住于澳大利亚的华裔季先生深有感触。

季先生感慨地说，"我记得自己刚刚落户悉尼郊外贝尔蒙镇的一幢双层公寓楼时，由于还没进入'异国他乡'的特定角色，进进出出仍像在国内时那样爱哼唱。那日，正哼着《铃儿响叮当》走下楼梯，却见楼下的英裔老太太惊异地从屋里探出头来，随即，她腋下又钻出两个好奇的小女孩，这时，我方才醒悟吵着邻居了，马上掐断了歌声。"

想到虽是近邻，但平日里，除在草坪上追逐玩耍时"放声"外，其余时间绝对听不到老太太那两个活泼可爱的孙女高声说话（当然也包括她），她们竟如"人间蒸发"似的悄无声息。季先生有些好奇，便问老太太："你们平日不在家吗？"

老太太笑着说："在家，不过我让孙女们养成了'公众场合不能高声大嗓，以免影响他人'的良好习惯。我把英国伊丽莎白女王致孙女的'行为礼仪'张贴在自家墙上，要求两个孩子参照执行。这些条款多达 32 项，但最主要的是有关声音的规范，比如'就餐时，咀嚼食物尽可能闭合嘴，不发出大的声响，不高声说笑，不可嘴里塞满食物同时说话'、'进入安静场合脚步要轻，避免在公共场所大声说话、咳嗽或动作发出很大的声音'等。"

顿了顿，季先生接着说，"有一次，我到华人聚居区的坎布斯图书馆正翻看画册，一位金发碧眼的小男孩趋前对我说了一句话，声音小得近乎耳语，我听了两遍也没明白。后来，他重复时稍稍提高了嗓门'这本书您看后请交给我'，他的妈妈做了一个'嘘……'的表示，男孩当即缄口，改用手势，直到我明白为止。"

澳大利亚人如此严格的家教，使"公共场所高声说话会侵犯他人权益"的观念，逐渐融入孩子们的血液，即使他们单独外出，也能自觉控制声响。

"某日，我在麦当劳就餐，只见一群孩子正举行生日聚会。温馨的祝福、美丽的蛋糕、摇曳的烛光、尖尖的生日礼帽、花朵般绽放的笑脸，都给人以强烈的视觉冲击。但有趣的是，联欢会没有'响'声，孩子们用手势和眼神'交谈'着，还不时以水代酒碰杯祝贺。"季先生笑着说，"一开始，我以为这是一群'聋哑'孩子呢，直到后来服务小姐邀请在场的顾客与他们同唱生日歌，祝贺'小寿星的生日时，我才明白是怎么回事。"

当然，由于成年人的言传身教，孩子们被噪音"侵扰"时，他们也知道自我保护。

年初，季先生所住的那条街搬来一户新邻居，为庆祝乔迁之喜，他们在自家花园里举办了一次盛大的露天聚会，远近的亲朋好友带着礼物前来道贺。主人殷勤，客人高兴，大家在屋后的大草坪上载歌载舞，喝酒聊天，气氛热烈得就像开了锅的水。谁知，晚上10时刚过，便听到尖厉的警笛声由远而近，一群人因"噪声污染"影响左邻右舍的正常生活，被带到警署罚款，并写下保证书后才被放回。

"事后我们才得知，原来是他们的小邻居、12岁的孩子查理报的案，他认为自己明天清早还要上学，邻居侵犯了自己的休息时间，不能不管！这样的理由简单有力。"季先生耸耸肩，笑着说道。

"嘘……"虽然只是一个小动作，却折射出澳大利亚人在公众场合不干扰他人的家教理念。从大的方面说，它有利于社会生活的有序进行，从小的方面看，它是孩子们成长历程中的言行方式。尽管"国与国不同，花有几样红"，但我们是否也可以学学这样的道德教化，养成在公众场合不干扰他人的良好习惯，将我们的品德和涵养映入言行举止。

6. 请对我说声"谢谢"

律人先律己，自己能够以身作则，做好表率，别人才会跟随你。做到以身作则，就能以德服人、以力御人，才能取得他人的信赖和认可。

某著名大学来了一位礼仪教授，他给学员们讲授的课题是"在生活中，我们应该如何讲礼仪"。

"今天我们的礼仪课是从敲门开始的"教授说，"刚才，我走进教室的时候，轻轻地敲了门，礼仪就是从这样的小细节开始的。"

"有些人不知道如何敲门，譬如，敲一声门代表试探，说明敲门者是陌生人；敲两声代表等待对方应答，说明敲门者与你认识，敲三声，代表询问，意思就是'有人吗?'"教授说完，便让一位学员扮作一名送水工，自己是主人，来了一次模拟礼仪表演。

"送水工"敲了三下门，在"主人"的应答中走进门，然后把水搬进了屋里。

教授皱着眉头说："你有三个礼仪方面的细节问题。第一，敲门声太重；第二，敲门时没有表明自己的身份；第三，没有自带一次性鞋套套住鞋子，这样会弄脏主人家的地板，主人会不乐意的。"

顿了顿，教授对"送水工"说，"来，按照我刚刚指点的那样，咱们再来做一次。"

于是，"送水工"和教授又来了一次表演，看得出来教授满意了。但是，所有动作结束后，"送水工"仍然站着，呆呆地看着教授。

教授有些傲慢地说："这位学员，现在你可以下台去了。"

"可是，教授。如果有人给我送水，我常常不好意思让他们换鞋，宁可自己拖一下地板。还有，送水工离开的时候，我都会说一声'谢谢'。教授，我需要一声'谢谢'。"学员笑了笑，对教授说道。

教授呆在那里愣了一会儿，躬身说了一声："谢谢你。"

教室里爆发出一阵热烈的掌声，所有人都知道这热烈的掌声是送给谁的。

人伸出手指指责别人的时候，另外四个指头正指着自己。在生活中，我们常常把注意力放在别人的身上，而忽略了对自己的要求。这样，无论那些说教内容多么在理，说服力依然是苍白无力的。

7. 免费报纸

文明礼仪是人们在长期共同生活和相互交往中逐渐形成的，它是人类为维持社会正常生活而要求人们共同遵守的最起码的道德规范，对个人来说，礼仪是一个人的思想道德水平、文化修养、交际能力的外在表现。

　　林先生和谭先生到北京出差，两人在马路边等公交车时，发现马路对面有一个卖报纸的小摊。

　　林先生对谭先生说："你在这里等我，我去买一份报纸看。"

　　当林先生从卖报人手里接过报纸时，发现自己没带零钱，只好递过一张10元的人民币，对卖报纸的小贩说："找钱吧。"

　　谁知，小贩冷若冰霜地对林先生说："先生，虽然我是卖报纸的，但我可不是给人找零钱的。"

　　最后，林先生没有买到报纸，悻悻地回到了马路对面，他闷闷不乐地把事情的经过告诉了谭先生。

　　谭先生安慰道："你在这儿等着，我过去试试。"

　　谭先生来到报摊前，递过同样的10元人民币，对小贩说："先生，不知您是不是愿意帮我个忙？我是外地来的，想买份报纸，可是身上没有零钱，你看能不能帮我把这10元钱换开。"

　　听了谭先生的话，小贩顺手抓起了一份报纸，递给谭先生说："拿去看吧，这次不用付钱了，等以后你有了零钱，再给我就是了。"

　　礼节的展现形式不分身份、地位的高与低，不分占有财富的多与少。每个人在人格上是平等的，无论面对何人，都应礼貌先行。一个不懂得以礼示人的人也不配得到别人的礼貌相待。

8. 失落的蒂姆

　　"不学礼，无以立。"文明礼仪，不仅是个人素质、教养的体现，也是个人道德和社会公德的体现。随着社会的发展和进步，人们的精神需求层次和自我认知价值越来越高，就越来越希望得到理解、受到尊重。

　　小男孩蒂姆心目中的大英雄是纽约市第二号棒球守垒员格雷格，为了表示自己对英雄的敬意，蒂姆把格雷格的一张大照片高悬在自己床头。

听说格雷格要在新泽西一家玩具店举办专场签名，蒂姆的爸爸就订了一张票，并在蒂姆 7 岁生日之际，将格雷格的棒球门票放在生日蛋糕中央。

蒂姆和爸爸到了玩具店，那里已有数以百计的家长，带着许多身着校服的小学生排队等待签名。队伍很快地前移，一眨眼工夫蒂姆就站在格雷格面前了。

其实，格雷格并非简单地会见孩子们为他们签名，实际上，他是出售自己的签名，一张门票要卖 10 美元，他埋头疾书，没抬眼就在小蒂姆的相片上签完了字，就如同运转着一条流水作业线，没有任何表情。

蒂姆的脸色瞬间变白，他那原本恳求交流的神态变得不自然了。当得到签名后，蒂姆十分沮丧地瞪着那个签名。

"怎么啦？"爸爸问，"你不是已经得到格雷格的签名了吗？"

蒂姆嘟着嘴，说道："可是爸爸，格雷格连看都没看我一眼。"

"哦，那场面不适宜行注目礼。"爸爸拍拍蒂姆肩膀，试图安慰他。

蒂姆摇摇头，"不！不！爸爸，他和别人不一样，他是我的英雄啊。"

过了一会儿，蒂姆的情绪稍有缓和，认真地说道："爸爸，如果我知道他工作三小时挣多少，我就省下这笔钱给他，让他来我们家吃一顿饭。"

爸爸有些奇怪蒂姆的说法："怎么？请格雷格吃饭还需要付他工资吗？"

"可是爸爸，格雷格要的就是钱！"蒂姆一本正经地说道。

礼貌是一个人的名片，是人类共处的纽带，不管你是高官还是寻常百姓。这都足以表明一个人的素质和修养，深深地影响着别人对你的评价。

第二章

提高涵养，方能驾驭生活

——"男子汉"修身篇

良好的个人修养是文化、智慧、善良和知识所表现出来的一种综合美德，是崇高人生的一种内在力量，是自身品位与价值的外在体现。它每时每刻都在绽放着一种温馨的美，而这种美又每时每刻散发着极其诱人的人格魅力。具有这种美的人才能被人接纳、才能在人群中脱颖而出。

·Part1 "博学而不穷，笃行而不倦"——踏实做事

1. 奇迹源于坚持的毅力

达·芬奇画出的鸡蛋不是一次次胡乱涂鸦，在他失败后，会脚踏实地认真练习，审视自己的不足，苦练基本功，最后才成为赫赫有名的画家。越王勾践在遭到失败后并没有心灰意冷，他明白成功不会是一蹴而就，需要的是脚踏实地的作风，于是才有了"苦心人，天不负，卧薪尝胆、三千越甲可吞吴"的神话，吴王夫差败就败在缺少越王勾践那股脚踏实地的作风上。古人尚且知道脚踏实地的重要性，何况我们今人，我们要记住古人用生命写给后人的启示，发扬脚踏实地的精神，把我们工作或学习上的每一件平凡的事做到极致，让我们有朝一日在人生中振翅飞翔，一飞冲天。

当今日本有上万家麦当劳店，一年的营业总额突破40亿美元大关。作为这一辉煌业绩的创造者藤田田，年轻时有一段意义深远的经历。

20世纪70年代，藤田田毕业于日本早稻田大学经济学系，毕业之后随即在一家大电器公司打工，后来，他开始创立自己的事业，经营麦当劳生意。麦当劳是闻名全球的连锁快餐公司，采用的是特许连锁经营机制，而要取得特许经营资格是需要具备相当财力和特殊资格的。而藤田田当时只是一个才出校门几年、毫无家庭资本支持的打工一族，根本无法具备麦当劳总部所要求的75万美元现款和一家中等规模以上银行信用支持的苛刻条件。

只有不到5万美元存款的藤田田，看准了美国连锁快餐文化在日本的巨大发展潜力，决意要不惜一切代价在日本创立麦当劳事业，于是绞尽脑

汁东挪西借起来。

事与愿违，5个月下来只借到4万美元。面对巨大的资金落差，要是一般人也许早就心灰意冷了。然而，藤田田却偏有对困难说"不"的勇气和锐气，偏要迎难而上遂其所愿。

于是，在一个风和日丽春天的早晨，他西装革履满怀信心地跨进住友银行总裁办公室的大门。

藤田田以极其诚恳的态度，向对方表明了他的创业计划和求助心愿。在耐心细致地听完他的表述之后，银行总裁做出了"你先回去吧，让我再考虑考虑"的答复。

藤田田听后，心里即刻掠过一丝失望，但马上镇定下来，恳切地对总裁说了一句："先生可否让我告诉你，我那5万美元存款的来历呢？"回答是"可以"。

"那是我6年来按月存款的收获，"藤田田说道："6年里，我每月坚持存下工资奖金，雷打不动，从未间断。6年里，无数次面对过度紧张或手痒难耐的尴尬局面，我都咬紧牙关，克制欲望，硬挺了过来。有时候，碰到意外事故需要额外用钱，我也照存不误，甚至不惜厚着脸皮四处告贷，以增加存款。这是没有办法的事，我必须这样做，因为在跨出大学门槛的那一天我就立下宏愿，要以10年为期，存够10万美元，然后自创事业，出人头地。我坚信，在小事情上过得硬的人才干得成大事情。现在机会来了，我一定要提早开创自己的事业。"

藤田田一口气讲了20分钟，总裁越听神情越严肃，并向藤田田问明了他存钱的那家银行的地址，然后对藤田田说："好吧，年轻人，我下午就会给你答复。"

送走藤田田后，总裁立即驱车前往那家银行，亲自了解藤田田存钱的情况。柜台小姐了解总裁来意后，说了这样几句话：

"哦，是问藤田田先生啊。他可是我接触过的最有毅力、最有礼貌的一个年轻人。6年来，他真正做到了风雨无阻地准时来我这里存钱，老实说，这么严谨的人我真是佩服得五体投地！"

听完小姐介绍后，总裁大为动容，立即打通了藤田田家里的电话，告诉他住友银行可以毫无条件地支持他创建麦当劳事业。藤田田追问了一句："请问，您为什么要决定支持我呢？"

总裁在电话那头感慨万千地说道："我今年已经58岁了，再有两年就要退休，论年龄我是你的2倍，论收入我是你的40倍，可是，直到今天我的存款却还没有你多……我可是大手大脚惯了。光说这一点，我就自愧不如，敬佩有加了。我敢断定，你会很有出息的，年轻人，好好干吧！"

大的成功都是由小的成功积累而成的。不经历过程而直奔终点，不从卑俗而直达高雅，舍弃细小而直达广大，跳过近前而直达远方，都是一种误区。心性高傲、目标远大固然不错，但目标好像靶子，必须在你的有效射程之内才有意义，如果目标太偏离实际，反而于事无益。同时，有了目标，还要为目标付出努力，如果你只空怀大志，而不愿为理想的实现付出辛勤劳动，那"理想"永远只能是空中楼阁。

2. 不切实际的"杀人蜂"计划

爱迪生有句话："天才是百分之九十九的汗水，加百分之一的灵感。"如果把这百分之一的灵感看作是创新思维的火花的话，那么另外百分之九十九的汗水则是为务实而付出的艰辛。遗憾的是，我们总是认为这百分之一的火花很重要，却往往忽略了那百分之九十九的艰辛。

"杀人蜂"是一种原产于非洲的蜜蜂，后来逐渐从南往北繁殖发展，一直来到了南美洲北边的法属圭亚那地区。

1977年夏天，有一位自由撰稿人名叫艾迪，来到法属圭亚那。他在一位养蜂人的家里发现了这种"杀人蜂"，艾迪发现，"杀人蜂"的蜂蜜外表看起来很稀，但是吃起来味道很甜。他猛然间想到了一个绝妙的创意："'杀人蜂'蜂蜜是圣诞节、情人节和庆贺生日时的最佳礼品。如果经营这项新事业，肯定能够成功！"他一时很激动。

艾迪回到美国，马上着手策划自己的新事业。他首先加入了巴西——美国友谊协会，以便获得有关资料；同时打电话到巴西的几家蜂蜜公司，洽购"杀人蜂"蜂蜜。又聘请一位艺术家，设计了装蜂蜜的小瓶子。

不久，艾迪找到了一位做过生意的合伙人。那位合伙人乘飞机到巴西，购进了1吨"杀人蜂"蜂蜜，并运到了公司所在地。

有了蜂蜜，他们更加忙碌起来，但是所耗费的成本也在节节上升，因为每件事都要从头做起，非得花钱不可。他们购买了六千多个瓶子，以及瓶盖、标签、说明书和漂亮的四色纸箱，并且需要雇请许多人来帮忙。这样，他们要支付的各项费用包括：设计费、印刷费、律师费、技术顾问费，还有装瓶工和搬运工的工资，等等。

当装瓶工作完毕，最后结算总成本时，终于让他们大吃一惊：一小瓶"杀人蜂"蜂蜜，光成本就超过了1美元，还不包括公司开办所花费的各项费用。在这种成本下销售，要想收回本钱，他们除了销售出现有的全部存货之外，还要再销售出六千多瓶。如果想赚到他们理想中的100万美元，那就必须还要销售130万瓶。这可不是一个小数字，要达到如此的销量，就一定要有一个庞大的销售网，还要赶上圣诞节的旺季。可惜，他们既没有销售网，也错过了旺季。

然而，此刻已是"箭在弦上，不得不发"，他们只有背水一战。

艾迪把希望寄托在情人节上。在节日期间，他们穿上养蜂人的衣服，站在大商场门前，亲自上阵促销，向来往的人群赠送涂有"杀人蜂"蜂蜜的小饼干。但是，收效并不明显，实际销量与他们的期望值相差太远。

情人节无声无息地过去了，艾迪他们只好盼望着下一个圣诞节。他们不懈地做了许多努力，比如，参加新产品展览会、组织销售代理人、到全国各地做宣传，等等。然而，一切努力都无济于事，没有人再去注意"杀人蜂"蜂蜜。

艾迪终于灰心丧气，他解散了公司，偿清了债务，自己又重新操起笔，成为报刊的自由撰稿人，并准备写一本关于企业经营方面的书。

"杀人蜂"蜂蜜的确是一个比较好的创意，并非没有大获成功的可能性——如果能够由一群经验丰富的经营行家进行精心谋划、精心操作的话。这一点，正好从反面说明了务实对创新的基础性作用。

3. 两个农民工的命运

21世纪是观念的世纪。谁转变了观念，谁就是赢家。如果我们在观念上还忽视务实，还轻视务实，那么，我们就要尽快转变这种观念，将不重视务实的观念转到重视务实的观念上。确立了重视务实的观念，我们就等于迈出了务实的步伐，甚至可以说是在务实的道路上行走了一半。

有两个农民外出打工。一个准备去上海，一个打算去北京。可是，在候车厅等车时，他们都改变了主意。因为他们听邻座的人议论说，上海人精明，北京人厚道，见到吃不上饭的人，不仅给馒头，还送旧衣服。

去上海的人想，还是北京好，挣不到钱也饿不死，幸亏还没上车，不然就麻烦了；去北京的人想，还是上海好，能挣钱的机会很多，幸亏还没上车，不然就失去了一次致富的机会。

于是，他们在退票时相遇了。原来要去北京的拿到了去上海的票，去上海的得到了去北京的票。

到北京的人发现，北京真的不错。他初到北京一个月，什么都没干，竟然没有饿着，不仅银行大厅里的纯净水可以白喝，而且大商场里欢迎品尝的点心也可以白吃。

到上海的人发现，上海果然是一个可以发财的城市，干什么都可以赚钱。看厕所可以赚钱，甚至弄一盆凉水让人洗脸也可以赚钱。

于是，到上海的第二天，他就凭着乡下人对泥土的感情和认识，在郊区的建筑工地装了 10 包含有沙子和树叶的土，然后以"花盆土"的名义，向搞不到泥土但又爱养花的上海人兜售。

当天，他就在城郊间往返了 6 次，净赚了 50 元钱。一年后，凭着"花盆土"，他竟然在大上海拥有了一间小小的门面房。

在长年的奔波中，他又有了一个新的发现：一些商店楼面干净而招牌黑污。他一打听才知道，原来，清洁公司只负责清洗楼面而不负责清洗招牌。他立即抓住这一空档，办起了一个小型清洁公司。

不久，他的公司就有了 150 名职工，业务也由上海发展到杭州和南京。

有一天，他坐火车去北京考察清洗市场的情况。在北京站，一个拣破烂的人把头伸进软卧车厢，向他要一个空啤酒瓶。

就在递啤酒瓶的时候，两个人都愣住了，因为五年前，他们曾经换过一次车票。

世界上只有两种力量，一种是观念，一种是利器，但观念最终总是战胜利器，因为一场战争的胜利最大的获利方永远是属于运筹帷幄的人。

4. 所谓的"傻人"

如果把罗伯特·科赫的经历和你周围的人相印证，你就会发现一个令人深思的问题：那些成功者，并不一定是很聪明的人，但他们必定是傻傻地专注于同一事物从不动摇的人。

德国哥丁根大学医学院的亨尔教授迎来了他的新学生。在对新生进行面试和笔试后，亨尔教授脸上露出了笑容，但他马上又神色凝重起来。因为他隐约感觉到这届学生中的很大一部分人是他教学生涯中碰到的最聪明的苗子。

一天，亨尔教授突然把自己多年积下的论文手稿全部搬到教室里，分给学生们，让他们重新仔细工整地誊写一遍。

但是，当学生们翻开亨尔教授的论文手稿时，发现这些手稿已经非常工整了。所以几乎所有的学生都认为根本没有重抄一遍的必要，做这种没有价值而又繁冗枯燥的工作实在是浪费自己的青春和生命。有这些时间，还不如发挥自己的聪明才智去搞研究。他们的结论是，除非傻子才会坐在那里当抄写员。最后，他们都去实验室里搞研究去了。让人想不到的是，竟然真有一个"傻子"坐在教室里抄写教授的论文手稿，他叫罗伯特·科赫。其实，科赫也不知道教授为什么要他抄写这些手稿，但他认为教授这样做应该有他的道理。但是，同学们都开始取笑科赫，他们叫他"最傻的人"。

一个学期以后，科赫把抄好的手稿送到了亨尔教授的办公室。看着科赫满脸疑问，一向和蔼的教授突然严肃地对他说："我向你表示崇高的敬意，孩子！因为只有你完成了这项工作。而那些我认为很聪明的学生，竟然都不愿做这种繁重、乏味的抄写工作。"

"我们从事医学研究的人，不光需要聪明的头脑和勤奋的精神，更为重要的是一定要具备一种一丝不苟的精神。特别是年轻人，往往急于求成，容易忽略细节。要知道，医理上走错一步，就是人命关天的大事啊！而抄那些手稿的工作，既是学习医学知识的机会，也是一种修炼心性的过程。"教授最后说。

这番话深深触动了科赫年轻的心灵。他意识到身为一个医学工作者的重大责任，在此后的学习和工作中，科赫一直牢记导师的话，他老老实实做最傻的人，养成了严谨的学习心态和研究作风。这种做事态度让他在人类历史上首次发现了结核菌、霍乱菌。而第一个发现传染病是由于病原体感染而造成的人，也是这位叫科赫的"最傻的人"。1905年，鉴于科赫在细菌研究方面的卓越成就，瑞典皇家学会将诺贝尔生理学与医学奖授予了科赫。

柏拉图说过"认识你自己并做自己的事"。当你仰慕花儿盛开的时候，别忘了它经历了由稚嫩到俊美的漫长过程；当你羡慕彩虹的绚烂的时候，别忘了它经历过风雨的洗礼；当你钦佩鸟儿在高空盘旋的时候，别忘了它经历了由弱小到强大的艰苦磨练。是啊，我们惊羡别人的成功，但很少如成功者那样勤勉、长久地付出，结果成了失败形影不离的"好朋友"。

5. 拿破仑·希尔的成功轨迹

古人云：一分耕耘，一分收获。真正的成功是要付出许多努力的，只有在遇到困难时不退缩，勇敢面对一切，才能克服一切障碍，登上人生最高的领奖台。

在20世纪早期，有一个美国人，他在年轻时的第一份工作就是在一个小煤矿当挖煤工人，虽然是一份十分普通的艰苦工作，但是他向来都是认真对待，尽职尽责，而且这期间还使他养成了一个受益终身的习惯，那就是提供额外的超值服务。

工作期间，他每天都是提前上班，为八小时的工作提前准备好各种工具，并对设备进行检查和维修，由于他的额外付出，很快被领导赏识，并被提升为小组长。

几个月后，他又被提升为煤矿的经理。后来在他离开煤矿后，又做过推销员、橡胶工人、出版社编辑等多种工作，但无论是哪一行业，他都会在很短的时间内使自己的工资翻上几倍，并且职务也是很快得到提升，他曾有好多次被提升为经理的经历。

不管行业如何公司大小，他都始终奉行一点——额外付出。他认为额外付出会使一个人在思想上得到升华，在行动上出类拔萃。

后来他有幸被派去采访人际关系学家、美国钢铁大王卡内基，卡内基很快发现了他身上的创造性和高贵的品质，于是就建议他从事美国成功人士的研究工作，并利用个人人脉关系写信给美国政、商、金融、科学各界的卓越精英人士，一一介绍与之认识。20年后，他获得了博士学位，在这期间，他访问了包括福特、罗斯福、爱迪生、洛克菲勒、贝尔在内的上百位成功人士，并进行深入的研究，完成了具有划时代意义的八卷本《成功规律》。

美国历史上两位总统——伍德罗·威尔逊和富兰克林·罗斯福都曾把他聘为贴身顾问，他的建议直接影响了两位总统所作的决定，进而也影响了美国历史的进程。

他就是世界最早的现代成功学大师和励志书籍作家——拿破仑·希尔

从拿破仑·希尔的成长轨迹中我们可以看到，他的高尚职业道德和出色的人品为他的成功提供了最大的保障。一个拥有高尚品质的人，他的人生境界和精神领域一定会无比开阔。

Part2 "海纳百川，有容乃大"——学会宽容

1. "死亡"与宽容

宽容就是不计较，事情过去了就算了。每个人都会犯错误，如果执着于其过去的错误，就会形成思想包袱，不信任、耿耿于怀、放不开，限制了自己的思维，也限制了对方的发展。即使是背叛，也并非不可容忍。能够承受背叛的人才是最坚强的人，也将以他坚强的心志在困境中占据主动，以其威严更能够给人以信心、动力，因而更能够防止或减少背叛。

一次世界大战期间，一支部队在雨林中与敌军相遇，一阵激战后，有

两名英军战士与部队失去了联系。

他们之所以会在一起的原因是，他们是来自同一村落的战友，两人在战斗中经常会不分彼此地相互照顾。如今两人又在雨林中艰难跋涉，相互给予鼓励，以便尽快赶上部队，走出荒无人烟的丛林。

半个月过去了，他们还是没能与部队联系上。幸运的他们打死了一只野猪，依靠野猪肉又可以勉强度过几日了。但同时也是由于战争的缘故，动物们为了躲避战火四散奔逃有的直接被猎食，从此以后他们再也没碰到可以捕食的任何动物。仅剩的几块野猪肉被其中的一个年少的士兵背在身上。

这天，他们在雨林中又遇到了小股敌军，经过一次巧妙的战斗，两人顺利地避开了敌人。就在他们自己感觉已经安全的时候，只听到一声枪响，走在前面身背野猪肉的战士中了一枪，幸亏子弹只是擦肩而过，并无生命危险。紧随其后的战友惊慌地跑了过来，此时的他已经语无伦次，抱起年轻的战友泪流不止，并赶紧撕下自己的衬衣，给战友包扎伤口。

夜里，未受伤的战士一直两眼发直，口中不断地叨念自己的母亲，他们都以为自己肯定要被饿死在这茂密的雨林里，身旁的野猪肉整晚未动。后来，他们被部队救了出来。

数年后，那位受伤的战士说："我知道是谁开的那一枪，他就是我的战友。他如今已经去世了。当他抱住我时，我感觉到了他发热的枪管，但当晚我就原谅了他。我知道他想独吞我身上带的野猪肉活下来，但我也知道他想活下来是为了他的母亲。"

他顿了顿，红着双眼说道："从那以后20年来，我装作根本不知晓此事，也从没向人提起，战争对每个人都是残酷的，他的母亲还是没能等到他回去，我和他一起去祭奠了老人家。他跪下来，乞求我原谅他，我没让他说下去……直到他去世前，我们依旧是最亲密的战友……"

宽容就是忘却。人人都有痛苦，都有伤疤，动辄去揭，便添新创，旧痕新伤难愈合。忘记昨日的是非，忘记别人先前对自己的指责和谩骂，时间是良好的止痛剂。学会忘却，生活才有阳光，才有欢乐。

2. 老人与小偷

宽容本身就是一种有效的沟通、一种精神的传递，更是一位无形的天使，留住人性最美好的东西。当我们在生活中遭遇不公平的待遇，或者周围的朋友做错了什么，请学会宽容，提升自己的气度，留住他人的善良。

傍晚，在一个规模不大的快餐厅里，总共有两个食客：一个老人、一个年轻人，由于食客不多的缘故，餐厅里的照明灯没有完全打开，所以显得有些昏暗。老人在一个靠窗的角落里独自小酌，年轻人则手捧一碗炸酱面，坐在靠近门口的位置，与老人相邻。

年轻人的注意力似乎不在面上，因为他眼睛的余光，一刻都未曾离开过老人放在桌边的手表。不出所料，当那个老人再次侧身点烟的时候，年轻人的手快速而敏捷地伸向手表，并最终装进他上衣的口袋里，试图离开。老人转过身来，很快发现手表不见了。他的身体微微颤抖了一下，然后立即平定下来，环顾四周。这时候年轻人已经在伸手开门，老人也似乎明白了什么，他马上站立起来，走向门口的年轻人。"小伙子，你等一下。"年轻人一愣："怎么了？""是这样，昨天是我80岁的生日，我儿子送给我一只腕表，虽然我不喜欢它，可那毕竟是儿子的一番孝心。我刚才就把它放在了桌子上，可是现在它却不见了，我想它肯定是被我不小心碰到了地面上。我的眼花得厉害，再说弯腰对我来说也不是件太容易的事，能不能麻烦你帮我找一下？"

年轻人刚才紧张的表情消失了，他擦了一把额头上的汗，对老人说："哦，您别着急，我来帮您找找看。"年轻人弯下腰去，沿着老人的桌子转了一圈，再转了一圈，然后把手表递过来："老人家，您看，是不是这个?"老人紧紧握住年轻人的手，激动地说："谢谢！谢谢你！真是不错的小伙子，你可以走了。"一名餐厅的女服务员被这眼前的一幕惊呆了。待年轻人走远之后，服务员过去对老人说："您本来已经确定手表就是他偷的，却为什么不报警?"老人的回答使她回味悠长，他说："虽然报警同样能够找回手表，但是我在找回手表的同时，也将失去一种比手表要宝贵千倍万倍的东西，就是——宽容。"

以德报怨，不让伤害延续下去，让做错事的人自己感到良心发现，才能让社会多一些仁慈、友善和祥和，多些正能量的存在和传递。

3. 绝望的儿子

每个人的心里都藏着一种神奇的东西，它被称为"感情"，家人和朋友对于我们来说，会给我们欢笑，激励我们成功。他们倾听我们内心的话，与我们分享每一句赞美。由于有朋友的相互慰藉，在这个茫茫的大千世界上，我们才不会感到那么孤独和彷徨。

这是一个来自越战归来的士兵的故事。他从旧金山打电话给他的父母，告诉他们："爸妈，我回来了，可是我有个不情之请，我想带一个朋友同我一起回家。""当然好啊！"他们回答，"我们会很高兴见他的。"不过儿子又继续说下去，"可是有件事我想先告诉你们，他在越战里受了重伤，少了一只胳臂和一条腿，他现在走投无路，我想请他来和我们一起生活。"

"儿子，我很遗憾，不过或许我们可以帮他找个安身之处。"父亲又接着说，"儿子，你不知道自己在说些什么。像他这样残疾的人会对我们的生活造成很大的负担。我们还有自己的生活要过，不能就让他这样破坏了。我建议你先回家然后忘了他，他会找到自己的一片天空的。"就在此时儿子挂上了电话，他的父母再也没有他的消息了。

几天后，这对父母接到了来自旧金山警局的电话，告诉他们亲爱的儿子已经坠楼身亡了。警方相信这只是单纯的自杀案件。于是他们伤心欲绝地飞往旧金山，并在警方带领之下到停尸间去辨认儿子的遗体。

那的确是他们的儿子没错，但惊讶的是儿子只有一只胳臂和一条腿。

故事中的父母就和我们大多数人一样。要去喜爱面貌姣好或谈吐风趣的人很容易，但是要喜欢那些致使我们不便和不快的人却太难了。我们总是希望和那些看上去不那么健康，不那么美丽或聪明的人保持距离。而故事里面的儿子就是因为父母的不能包容而选择离开了这个世界，在他伤痕累累的时候，他父母的话熄灭了他人生的最后一盏希望之灯。

4. 六尺巷传奇

宽容，最重要的因素便是爱心。原谅那些曾伤害过我们的人，这不是一件容易的事，但是如果我们这样做了，就会从中体验到宽容的快乐。尽管不顺心的事随时会产生，若能宽容待人，对事，他便拥有了快乐的一生，我们应尽量以愉快的心情处理生活上的各种问题，即使忍无可忍，也应采取理智来抑制情绪，最终使大事化小，小事化了。

据《桐城县志》记载，康熙年间文华殿大学士兼礼部尚书张英老家的人与邻居吴家在宅基的问题上发生了争执，两家大院的宅地都是祖上的产业，时间久远了，本来就是一笔糊涂账。想占便宜的人是不怕算糊涂账的，他们往往过分相信自己的铁算盘。两家的争执顿起，公说公有理，婆说婆有理，谁也不肯相让一丝一毫。由于牵涉到宰相大人，官府和旁人都不愿沾惹是非，纠纷越闹越大，张家人只好把这件事告诉张英。家人飞书京城，让张英打招呼"摆平"吴家。张英大人阅过来信，只是释然一笑，旁边的人面面相觑，莫名其妙。只见张大人挥动大笔，一首诗一挥而就。

诗曰："千里传书只为墙，让人三尺又何妨。万里长城今犹在，不见当年秦始皇。"交给来人，命快速带回老家。家里人一见书信回来，喜不自禁，以为张英一定有一个强硬的办法，或者有一条锦囊妙计，但家人看到的却是一首打油诗，败兴得很。后来一合计，确实也只有"让"这唯一的办法，田地固然可贵，但争之不来，不如让三尺看看。于是立即动手将垣墙拆让三尺，大家交口称赞张英和他家人的豁达态度。他家宰相肚里能撑船，咱们也不能太落后。宰相一家的忍让行为，感动得邻居一家人热泪盈眶，全家一致同意也把围墙向后退三尺。两家人的争端很快平息了，两家之间，空了一条巷子，有六尺宽，有张家的一半，也有吴家的一半，这条几十丈长的巷子虽短，留给人们的思索却很长。于是，两家的院墙之间那一条宽六尺的巷子。就是六尺巷的由来。

安德鲁·马修斯在《宽容之心》中说了这样一句能够启人心智的话"你要宽容别人的龃龉、排挤甚至诬陷，因为你知道，正是你的力量让对手恐慌，你更要知道，石缝里长出的草最能经受风雨，风凉话正可以给你发热的头脑'冷敷'；给你穿的小鞋，或许能让你在舞台上跳出曼妙的'芭蕾舞'；给你的打击，仿佛运动员手上的杠铃，只会增加你的爆发力；睚眦必报，只能说明你无法虚怀若谷；言语刻薄，是一把双刃剑，最终也割伤自己；以牙还牙，也只能说明你的'牙齿'很快要脱落了；血脉贲张，最容易引发'高血压病'。一只脚踩扁了紫罗兰，它却把香味留在那鞋底上，这就是宽恕。"

5. 慈悲的司机

一个能宽容别人的人。他自己的心胸也会变得宽阔。因为宽容之于爱，就像凉风之于夏日，暖阳之于冬天。宽容是人类灵魂里美丽的风景。有了博大的胸怀和宽容一切的心灵，宽容自然会散发出浓浓的醇香。懂得宽容，人与人之间才会更加友善，我们的生活就会更加和谐。

越南一个贫穷山村附近的公路上，经常有满载物资的货车经过。

贫穷的村民们起了歹念，故意把路面刨得坑坑洼洼，使过往的车辆不得不减速行驶，他们便趁机哄抢车上的货物。

一次，一辆载满罐装饮料的货车途经这条公路，村民们又将货物哄抢一空。

货车司机没有立即报案，而是紧跟在抢他饮料的村民后面进了村。

司机请求村民们把饮料还给他，村民们非但不还，而且还出言不逊，声称要对他不客气。

司机无可奈何，紧接着说道："你们不还我饮料也行，但是你们千万不能喝它。"

村民们说道："抢来的东西我们想怎么样就怎么样，和你没有关系。"村民中更有甚者当着司机的面迅速打开一罐饮料，开盖就要往嘴里送。

司机见状，大声制止道："不能喝，这是一车未达标的有毒饮料，即将要交给相关部门处理的！"

村民们都愣住了，那个想喝饮料的村民硬生生地把手收回，半信半疑地牵来一只狗。狗舔过饮料以后，立刻倒地而亡。

在场的所有村民都震惊了，他们为司机宽厚的胸怀和善良的心灵所感动。后来，村民们惭愧地把抢来的饮料一箱不少地送了回去。

这件事情过后，村民们自觉地把路填平，再没有一个村民当车匪路霸，这条公路又恢复了以往的平静。

当一个人经历了生死历练的洗礼后，更加懂得这个世界是多么的美好，用一颗宽恕和包容的心去感触生命中的人和事，用一颗感恩和感动的心去感激你身边的人，你会觉得这个世界变的更美丽，一个人之所以快乐，并不是你得到的多，而是你计较的少，用心品味人生，用爱成就事业。

6. 非同寻常的合作

"播种善良，才能收获希望，洒下宽容，才能收获快乐"。一个人可以没有让旁人惊羡的壮举，也可以忍受"缺金少银"的日子，如若缺失了善良，缺少了宽容，却足以让人生搁浅和褪色。要知道，无论何时何地，拥有一颗善良的心，讲出一句宽容的话，都会让自己脚下的路越走越宽。

小张是一家国际著名公司的业务主管。最近为取得一个工程建设项目，整天都是上下周旋，来回奔波，绞尽脑汁，费尽周折，也曾经托关系找熟人来做公关，可以说是吃了很多苦头，受了很多委屈，但竞争对手的实力也一样很强大，项目建设方一直不愿意把该项目交由小张所在的公司承建。事情几乎到了不得不放弃的地步。

周末的一个晚上，小张和几个同事相约在夜市上某地摊吃饭闲聊。小张的邻桌是一个约 50 岁左右的男士，独自一人光着膀子在吃饭。正当大家都吃得兴致盎然的时候，邻桌的几位年轻人因为醉酒发生了矛盾，进而大打出手，结果殃及池鱼——把邻桌的这位男士连人带桌全部掀翻在地。这位男人身子倒地的时候，也把小张的桌子撞翻了，满桌子的杯盘碗盏摔落一地，现场顿时一片狼藉。小张和他的同事们看到这种情景，就赶快把这位男士扶起来，仔细问询并查看是否受伤，是否需要救治。当这位男士颤颤巍巍地站起来后，很生气，就要找那几个年轻人理论。小张看到这种情形，觉得这个男士孤身一人，面对一群醉酒的年轻人，理论的结果肯定是引发更大的矛盾并且肯定要吃亏，就劝说这个男士不要再去理会。这位男士也就不再追究。接下来，这位男士觉得不管咋样毕竟是他直接撞翻了小张的桌子，提出要进行赔偿，再补加相应菜肴。小张当然不同意，觉得他同样也是受害者，并且也不是故意的，就没有接受这个提议。后来，小张又提出：你就一个人，有道是"不打不相识"，干脆合并在一起吃吧。小

69

张又重新要了菜、点了酒，这个男士也加入了小张的桌子，继续开始享受夜市的精彩。

大家很随意地坐在一起，觥筹交错间，他也就自然问及小张的职业和从事的工作，但对自己的工作始终轻描淡写，没有透露太多细节。当这位男士得知小张是做某类工程项目建设主管时，就说："知道某某处正在建设一个某某项目，有你们能做的业务不？"小张说："当然知道，并且几个月来一直在跑这个项目的相关事宜，但效果不好。"这位男士就详细问及了一些情况。临分手时，这位男士说："你们若是对这个项目感兴趣，下周一去找一个叫李某的人吧，也许他能帮上你们一点小忙。"

周一，小张抱着试一试的态度，亲自去了这个公司，报出了夜市上男士临走时留下的姓名，办理完会客手续后，保安带着小张来到办公楼。当他走到挂着"集团公司总经理"门牌的门口时，才觉得那位男士留下姓名的人可能是个大人物。当推开门的那一瞬间小张才真正傻眼了，眼前的这位集团总经理，正是前天晚上在夜市上撞倒他们桌子的那位陌生男士。当然，双方在轻松愉快的说笑中初步沟通了项目建设的基本情况。在这位总经理的亲自指导和帮助下，小张的项目建设工作井然有序地进行了起来。

小张在和这位总经理谈起这个合作项目时，曾经问道："这么大的建设项目，在我们进入以前，你们已经找到了合作商，却为什么这么轻易地又让我们做了？"这位总经理说："若单单说我们的合作是一种缘分，是有种宿命的论调。其实，最最重要的是夜市的那件小事中，让我看到了你的善良与宽容，这是你们这一代年轻人中少有的品质和态度，这也是一种胸怀，这种人不仅是良好的合作伙伴，也一定会拥有广阔的发展空间。"

7. 四块糖果

宽容是一种美德，宽容别人，不是懦弱，更不是无奈的举措。在短暂的生命里学会宽容别人，能使生活中平添许多快乐，使人生更有意义。正因为有了宽容，我们的胸怀才能比天空还宽阔，才能尽容天下难容之事。

陶行知在育才小学当校长的时候，有一次看到一位男同学用棍棒对同学大打出手，便将其制止并叫他到校长办公室去。当陶行知回到办公室时，男孩已经等在那里了。陶行知当即掏出一块糖果给这位同学："这是奖励你的，因为你按时来到这里，我却迟到了。"男同学疑惑地接过糖果后，接着陶先生又掏出一颗糖果放到他手里，说："这也是奖给你的，因为当我不让你打人时，你立即停手了，这说明你很尊重我。"说完，陶先生又掏出第三块糖果塞到男同学手里："我调查过了，你打他们，是因为他们欺负女学生，这说明你很正直，有跟坏人作斗争的勇气！"这时，男同学哭了："校长，你打我两下吧，我错了，同学再不对，我也不能采取这种方式……"陶先生满意地笑了，当即掏出第四块糖果递过去："为你正确地认识错误，我再奖给你一块糖果……我的糖果发完了，我看我们的谈话也该结束了。"

宽容是一种强大的力量。它能化害为利，化敌为友。宽容往往能够使对方从中吸取教训，重新审视自己的行为。毕竟人心不是靠力量可以征服的，宽容大度可以融化一切心灵的坚冰。陶行知先生的四颗糖果的故事体现了宽容的魅力，生活需要宽容，更需要给宽容一个生存的空间，让宽容"复活"。俗语说：过犹不及，有时候制约太多、束缚太紧，反而不利于发展。

Part3 "盛满易为灾，谦冲恒受福" ——谦逊待人

1. 一批订单

成功源于谦逊，因为它能使我们意识到我们的不足，它能引导我们努力成为更优秀的人。没有谦逊，我们将保留我们所有的缺陷；这些缺陷只会被骄傲的硬壳所覆盖，骄傲蒙蔽了我们的双眼。

罗卡特尼是夏威夷一家专门经销开采石油所使用的特殊器材的店长。一次他接受了长岛一位重要主顾的一批订单，图纸呈上去，得到了批准，器材便开始制造了。然而，一件不幸的事情发生了：那位主顾同朋友们谈起这件事，主顾的朋友都警告他，他犯了一个大错，他被骗了。一切都错了。太宽了，太短了，太这个，太那个，他的朋友把他说得发火了。于是，他打了一个电话给罗卡特尼先生，发誓不接受已经在制造的那一批器材。"我仔细查验过了，确知我方无误，"罗卡特尼先生事后说，"我知道他和他的朋友们都不知所云，可是，我觉得，如果这样告诉他，将很危险。我到了长岛。当我走进办公室，他立刻跳起来，一个箭步朝我冲过来，话说得很快。他显得很激动，一面说一面挥舞着拳头，竭力指责我和我的器材，而我却耐心地听着。结束的时候，他说：'好吧，你现在要怎么办？'

"我心平气和地告诉他：我愿意照他的任何意见办。我说：你是花钱买东西的人，当然应该得到适合你用的东西。可是总得有人负责才行啊！如果你认为自己是对的，请给我一张制造图纸，虽然我们已经花了2000元钱，但我们可以报废这批材料。为了使你满意，我们宁可损失2000元钱。

但我得先提醒你，如果我们照你坚持的做法，你必须负起这个责任；但如果你放手让我们照原定的图纸生产，我相信，原图纸是对的，我们可以保证负责。他一时平静下来了，最后说：好吧！照原图纸生产。但若是错了，上天保佑你吧。结果没错；于是他答应我，本季度还要向我们订两批相似的货。当那位主顾侮辱我，在我面前挥舞拳头，而且还说我外行的时候，我要维护自己的利益，而又不同他争论，这的确需要有高度的自制力。的确，我们常常需要极度的自制，但结果很值得。要是我说他错了，开始争辩起来，很可能要打一场官司，感情破裂，损失一笔钱，失去一位重要的主顾。所以，我深信，用这种方法来指出别人错了，是划不来的。"

谦逊能使我们对自己的过错和失败承担责任，而不是归咎于他人，并为此感到歉意，于是努力寻求补救之道。

2. 与大师握手

《尚书》中说："满招损，谦受益。""器虚则受，实则不受"，只有谦虚才能不断地接受新思想新知识而不断进步，骄傲自满只能停步不前。

"钢琴王子"克莱德曼的中国巡演刚一结束，等待索要签名的"粉丝"就排成了长龙。大厅里人头攒动，拿到签名的"粉丝"欣喜若狂，好多人都流下了激动的泪水。

这时，一对引人注目的父子排到队伍前头。克莱德曼习惯性地拿起签字笔，客气地问他们想签到哪里。不料，这位父亲竟然说："我们不要签名。"

此言一出，众人惊诧不已，纷纷把目光聚集在这一对等候几个小时却不要签名的父子身上。

"我有一个不情之请，"这位父亲看着克莱德曼说，"我想让我的孩子握一下您的双手。"周围的人更加不解了，纷纷上前看个究竟。

这位父亲向克莱德曼深鞠一躬："您是我非常尊敬的钢琴大师。"然后把儿子拽到身前，摸着他的头说："这个孩子对钢琴很有悟性，打小就刻苦练琴。这两年，他接连获奖，每次比赛总是拿第一。"克莱德曼眼里流露出赞许之意，示意他说下去。

"他有些飘飘然了，觉得自己很了不起。尤其是最近，他到处炫耀琴技，根本没有心思练琴。我今天一是为仰慕大师风采而来，二是想让孩子明白一个道理，怎样才算真正的钢琴家。"

克莱德曼当然不会错过这个发掘天才钢琴家的良机。他把自己那双与钢琴打了半辈子交道的大手伸到孩子面前，微笑着说："来吧，孩子，你是好样的。"

看着那双手，孩子的小手缓缓伸上前去和克莱德曼的十指接触的瞬间，他似乎被克莱德曼指头上厚厚的老茧电到了一般，猛地一缩。那双小手就这样久久地悬在空中，孩子明亮的双眼痴痴地望着对方，嘴里不停地念叨着："钢琴家，钢琴家……"

此后，这个在钢琴方面天资极高的少年又开始焚膏继晷地苦练琴技，终于获得巨大的成功。

谦虚是一种待人处事的态度，也是品德修养的重要体现。因为只有谦虚的人才能不傲气、少自负，人就如分数，实际才能好比分子，对自己的估价好比分母，分母愈大，那么分数的值愈小。

3. 花开的时候吵到你了吗

只有谦虚才能不断地接受新思想新知识而不断进步，骄傲自满只能停步不前。

寺院里接纳了一个年方16岁的流浪儿，这个流浪儿头脑灵活，嘴勤脚快。灰头土脸的流浪儿在寺里剃发沐浴之后，就变成了干净利落的小沙弥。

禅师一边关照他的生活起居，一边因势利导教他为僧做人的一些基本常识，看他接受和领悟问题比较快，又开始引导他习字念书，诵读经文，也就在这个时候，禅师发现小沙弥的弱点——心浮气躁，喜欢张扬，骄傲自满。例如，他刚学会几个字，就拿着毛笔满院画；再如，他一旦领悟了某个禅理，就一遍遍地向禅师和其他僧侣们炫耀；更可笑的是，当禅师为了鼓励他，刚刚夸奖他几句，他马上就在众僧面前显摆，大有唯我独尊，不可一世之势。

为了改变他的不良行为和作风，禅师想了一个用来启发点化他的非常奇妙的教案。这一天，禅师把一盆含苞待放的夜来香交给这位小沙弥，让他在值更的时候，注意观察一下花卉的生长状况。

第二天一早，没等禅师找他，他就欣喜若狂地抱着那盆花一路招摇地跑来了，当着众僧的面大声对禅师说："您送给我的这盆花太奇妙了！它晚上开放，清香四溢，美不胜收，可是，一到早晨，它又收敛了它的香花芳蕊……"

禅师就用一种特别温和的语气问小沙弥："它晚上开花的时候，吵到你了吗？"

"没有。"小沙弥高高兴兴地说，"它的开放和闭合都是静悄悄的，哪能吵到我呢？"

"哦，原来是这样啊。"禅师以一种特殊的口吻说，"老衲还以为花开的时候吵闹着炫耀一番呢。"

小沙弥愣了一阵之后，脸"刷"地就红了："弟子领教了，弟子一定痛改前非！"

深沉的人就像美丽的花朵，开放时吐露芬芳，收敛时安静无声。山深愈幽，水深愈静，真正有学问有道行的人，真正成功和芬芳的人生，无须张扬和炫耀。

4. 择地而死

　　谦逊、真诚是一个人良好品质的重要体现，从小就应该养成谦逊有礼、真诚待人的良好品质，这是我们为人处世的重要基础，也是我们走向成功的基石。无数的事实告诉我们，高傲无礼的人惹人讨厌，而且会招来很多麻烦，谦逊待人会赢得大家的欢迎，有时甚至会化解生活中不必要的麻烦。

　　传说清朝时期，苏州城里有一位尤老翁，开了一间典当铺。有一年，年关前夕，尤老翁在里间屋盘账，忽然听见外面柜台有争吵声，赶忙走出来。原来，住在附近的穷邻居赵老头儿，正在与伙计争吵。尤老翁一向谨守"和气生财"的信条，先将伙计训斥一通，再好言向赵老头儿赔不是。

　　可是，赵老头儿板着面孔，不见一丝和缓之色，他靠在一边柜台上，一句话也不说。

　　挨了骂的伙计，悄声对老板诉苦："老爷，这个赵老头儿，蛮不讲理，前些日子，他当了衣服，现在，他说过年要穿，一定要取回去，可是，又不还当衣服的钱，我刚要解释，他就破口大骂，这件事情不能怪我呀。"

　　尤老翁点点头，打发伙计去照料别的生意，自己走过去，请赵老头儿到桌边坐下来，语气恳切地说："老人家，我知道您的来意，过年了，总想有一身体面的衣服。这是小事一桩，大家抬头不见低头见，什么事都好商量，何必与伙计一般见识呢？您老就消消气吧。"

　　不等赵老头儿开口辩解，尤老翁马上吩咐另一个伙计，查一下账，从赵老头儿典当的衣物中，找出四五件冬衣。尤老翁指着几件衣服说："这件棉袍是你冬天里不可缺少的衣服，这件罩袍，你拜年时用得着，这三件棉衣，孩子们也是要穿的。你先把这些东西拿回去，其余的衣物，不是急用的，可以先放在这里。"

赵老头儿似乎一点儿也不领情，拿起衣服，连个招呼都不打，急匆匆地走了。

尤老翁并不在意，仍然含笑拱手将赵老头儿送出大门。

当天夜里，赵老头儿竟然死在另一位开店的街坊家中。赵老头儿的亲属乘机控告那位街坊，逼死了赵老头儿，打了好几年官司。最后，那位街坊被拖得精疲力尽，花了一大笔银子，才将此事摆平。

不久，事情真相大白，原来，赵老头儿因为负债累累，家产典当一空后，走投无路，预先服了毒，来到尤老翁的当铺吵闹寻事，想以死来敲诈钱财。没想到，尤老翁一忍再忍，明明吃亏，也不计较。赵老头儿觉得坑这样的人，即使到了阴曹地府，也要下地狱，只好赶快撤走，在毒性发作之前，选择了另外一家店铺。

生活中若是有人无理取闹，他必然有所倚恃。天大的事，忍一忍也就过去了。如果我们在小事情上不忍让，那么，很可能就会酿成大的灾祸。

5. 谦逊是一种美德

谦虚谨慎是做人的美德。一个成熟的人，有成就的人，必备此种品格，宜低头、忍让，而非自高自大。这也许是许多成功人士之美德。

17岁的马克出生于书香门第，从小就被父亲和母亲灌输了为人要谦逊的做人原则，这让他一直表现得不够积极。

马克人生的第一次重要机遇，是在大学一年级下半学期。当时，他已经开始在经济领域投资，包括课余和人一起合伙做一点生意。因为马克善于做成本管理，他总能把东西用最低的成本购入，然后以最直接的渠道售出。他的这个特质，让学校的学生会看中。学生会虽然是为学生服务的机构，但是也有一些开销。因为没有盈利能力，学生会在经济方面一团糟。有位老师提出，不如让这个一年级的学生来做做看，或许会有惊喜。

在美国，一所知名大学的学生会主席是相当重要的职位。所以，竞选学生会主席的激烈程度可想而知。像马克这样被学校老师直接提名的，简直是绝无仅有。

马克信心十足，他觉得，以自己的能力一定可以胜任。但是，校方找他谈话，问他有没有信心做好学生会主席的工作时，他说："哦，我做好了失败的准备，因为它对我来说的确是挑战。"他觉得，自己这种说法一定会受到欢迎，这表明了自己的谦逊与谨慎。可是，结局却是他不得不与这个职位擦肩而过。

因为没有得到这个职位，他在大学毕业时受到了巨大的影响。以他的才能，原本符合当时世界第一的通用公司的选才要求。但通用公司选择了另外一名学生，那个学生正是因为在学生会里任职而胜出的。通用公司觉得，竞选过学生干部并且从事过这一工作的人，更加具备团队精神和凝聚力，具备一定的领导才能，且更加自信。

虽然马克最终以自己出色的能力被惠普公司聘用，但是他依旧觉得沮丧。他反思了许久，得出了一个结论——不恰当的表达方式，使自己失去了最好的机会。他开始在惠普努力工作，同时一直在疑惑：如果谦逊是个坏东西的话，为什么还会有那么多人把它当成一种优秀的品质？后来，马克凭着自己的能力，出任了惠普的CEO。

那次，董事会来电话，要他参加董事会议。会议上，马克觉得场景似曾相识。董事们有意让马克接任惠普的CEO，因为在产品宣传与销售问题上，惠普遇到了难关。

同样的问题：你有信心把惠普做得更好吗？

马克给出了与上次不同的回答。他说："这是毫无疑问的，至少我保证，情况不会像现在这么糟糕！"

事实上，通过考验的马克，表现出了极强的个人能力。自从他出任CEO后，惠普产品多面开花，通过筛选渠道，降低成本，加大宣传，经营业绩稳步增长。

马克·赫德，这个全球知名的成本控制专家、企业经营高手，经常会把自己的成功经历与他人分享。

他在美国接受电视采访的时候，主持人问："有人说，你的形象是儒雅、知性、睿智、谦逊的。你怎么看？"马克单独对谦逊发表了自己的意见。他认为，不恰当的"谦逊"是把双刃剑，往往会断了"谦逊者"的发展之路。

"要做到真正的谦逊，需明白三点：首先，谦逊不是自我否定，自我否定只能让你与机会擦肩而过并留下惋惜。其次，谦逊就是把话说到你的能力值以下，比如，你能考优，那么先肯定自己能考良。最后，谦逊不是在面对别人质疑或者面对问题时候说'哦，我想我办不到'，而是懂得抓住机会，成功之后，面对别人的赞美时说，'其实没什么，只要努力，每个人都能做到'！"

6. 找不到的富有

"虚心使人进步，骄傲使人落后"，做人要谦虚，不能骄傲自满，夜郎自大，否则将会铸成大错，令人追悔莫及。

某一天，柏拉图和弟子们聚在一起聊天，当中有一位学生因家里相当富有，便趾高气扬地向所有同学炫耀，他家在雅典附近拥有一望无边的肥沃土地。当他口若悬河大肆吹嘘的时候，柏拉图不动声色地拿出一张地图，然后说："麻烦你指给我看看，亚细亚在哪里？"学生指着地图，洋洋得意地回答："这一大片全是。"

柏拉图又问："很好！那么，希腊在哪里？"学生好不容易在地图上将希腊找出来，但和亚细亚相比，的确是太小了。"雅典在哪儿？"柏拉图接着又问。学生指着地图上的一个小点说："雅典，这就更小了，好像是在这儿。"

最后，柏拉图看着他说："现在，请你再指给我看看，你家那块一望无边的肥沃土地在哪里？"学生急得满头大汗，当然找不到。他家那块广大肥沃的土地在地图上连个影子也没有。他尴尬又不好意思地回答："对不起，我找不到！"

在现实生活中，经常会见到这样的人和事。我们不应该认为自己是最棒的。"天外有天，人外有人"。不能因为别人不如自己而去轻视别人、鄙视别人。人各有所长，各有所短，都不是十全十美的，我们应虚心向他人请教，取他人之长，补自己之短，且接受别人的意见。无论什么时候都严格要求自己，取得更大的进步，争取做好每一件事情。

7. 自食苦果的妇女

社会生活就像一面镜子，我们怎样对待别人，别人也会怎样对待我们。要想获得别人的尊重，就要学会尊重别人。我们要时时尊重他人的尊严和权利，在一言一行中都体现出对他人的尊重。

一位三十多岁的妇女领着一个小女孩来到美国著名的企业"百顿集团"总部大厦楼下的花园，两人在一张长椅上坐了下来。她不停地在跟小女孩说些什么，看起来很生气的样子。

座椅的不远处有一位花甲之年的老人正在修剪草坪。

忽然，中年妇女从随身手提包里抽出一张纸巾，随手将它扔到老人修剪过的草坪上。老人诧异地转过头朝中年妇女看了一眼。中年妇女对他还以蔑视的眼神。老人没说什么，走过去将纸巾捡起扔进一旁的垃圾箱里。

不一会儿，中年妇女又将一张纸巾扔了出去。

老人依旧是没有说话，走过去捡起纸巾扔进了垃圾箱，然后继续去修剪草坪。

可是，老人刚拿起剪刀，被揉成一团的纸巾又落在了他眼前的灌木上……就这样，老人一连捡了那中年妇女扔的六七个纸团，但他始终未露出厌烦或不满的神色。

"你看见了吧！我就是想让你明白，如果你现在不好好上学，将来就会跟他一样没出息，只能做这些低贱卑微的工作！"中年妇女边指着修剪草坪的老者，边对女孩说道。

老人放下工具，走到妇女跟前说道："夫人，这里是公司的私家花园，按规定只有公司员工才能进来。"

"那当然，我是'百顿集团'下属公司的人事主管，就在这座大厦里工作！"中年妇女趾高气昂地说道，同时掏出一张证件向老人晃了晃。

"我能借用一下你的手机吗？"老人沉默片刻后问道。

中年妇女极不情愿地把手机递给老人，同时又不忘借机开导女儿："看见了吧，这些穷人，这么大年纪了连手机也买不起……"

老人打完电话后把手机还给妇女，很快一名男子匆匆地走过来，毕恭毕敬地站在老人面前。

老人对那名男子说道："我现在郑重提议，免去这位女士在'百顿集团'的职务！"

"是，我立刻按您的指示去办！"男子应道。

老人随后径直朝小女孩走去，用手抚了抚小女孩的头，意味深长地说道："我希望你能明白，懂得尊重每一个人，是这个世界上最宝贵的东西……"

说完，老人缓缓地离去了。

中年妇女被眼前发生的一切惊呆了，原来，那个修剪草坪的老人就是集团的总裁——叶兰德先生！

生活中时时刻刻都需要我们学会尊重。对自己的同窗不取笑、不打闹、不揭短，以诚相待，是对同学最起码的尊重，是纯真友谊的基础；回到家时与父母长辈打声招呼是一种对长辈亲人的尊重，是对亲人辛勤养育最珍贵的抚慰；上课专心听讲是对老师辛勤劳动的尊重；在食堂就餐后，把椅子、餐具放好是对食堂师傅的尊重……如果你不尊重别人，有什么资格指望别人来尊重你呢！

8. 轻声关门

　　和谐的社会需要宽容，宽容本身包含着谦逊。宽容心态就是以宽阔仁慈的胸怀和包容善良的心态，去面对人和事。宽容不仅是一种与人和谐相处的素质，一种时代崇尚的品德，更是吸纳他人长处充实自我价值的良好思维品质。宽以待人，既可以消灾免祸，还可以远避羞辱。

　　经过一天的折腾，小赵两口子终于搬进了新房。在送走了最后一批前来祝贺的朋友后，二人疲惫地躺在沙发上休息。这时门铃突然响了起来。这么晚了谁还会来呢？小赵心想，赶忙起身开门，当他打开门一看，门外站着两位不认识的中年男女，看上去像是一对夫妻。正在小赵疑惑之际，那男子首先自我介绍道："您好，我姓李，是一楼的住户，特地上来祝贺你们乔迁之喜。"

　　小赵高兴地说道："原来是邻居啊！快请进！"赶紧往屋里让。李先生连忙摆手："不麻烦了，不麻烦了，还有一件事请你们帮忙。"

　　小赵说道："别客气，有什么事情需要我们效劳的？"

　　李先生道："以后出入单元防盗门的时候，能不能轻点关门，我老父亲心脏不太好，受不了重响。"李先生用诚恳的口吻说道。

　　小赵沉吟了片刻，答道："当然没问题，只是怕有时候急了顾不上。既然你父亲受不了惊吓，为什么还要住在一楼？"

　　李太太解释道："其实我们也不喜欢住一楼，既潮湿又脏，但是老爷子腿脚不方便，而且心脏病人还要有适度的活动。"小赵听完后，心里顿时一阵感动，便答应以后尽量小心。李先生两口子千恩万谢，弄得小赵很不好意思。

慢慢地，小赵确实感觉到他们的单元门与别的单元门不太一样，大伙儿开关铁防盗门时，都是轻手轻脚的，决没有其他单元时不时"哐当"一声巨响，一问，果然都是拜李先生所托。

时间过得很快，转眼一年过去了。有天晚上，李先生夫妇又摁响了小赵家的门铃，二人一见到小赵，二话没说，先给小赵夫妻俩深深地鞠了个躬，半晌，头也没抬起来。小赵急忙扶起他们问是怎么回事。李先生的眼睛红肿，原来昨天晚上，李老爷子在医院病故了。前些时候，他对儿子交代过：非常感谢大家这些年对自己的照顾，麻烦各位了，要儿子见到年纪大的邻居叩个头，年纪轻的，鞠一躬，以表示自己对大家的感激。

听到这时，小赵果然看见在李先生笔挺裤子的膝盖处有两块灰迹，想必是叩头叩的。

送走了李先生夫妇，小赵不禁感慨："轻声关门只是举手之劳，居然换来了别人如此大的感激……"生活就是这样，当你在为别人行善时也在为自己储蓄幸福。

在学习、生活中，当别人不小心踩到你时，你应该摆摆手，说声没关系；当别人弄坏了你的东西，向你道歉时，你也应该宽容地付之一笑。在我们身边，还充满了许多大大小小的磨擦、争执，若是缺乏宽容之心，对他人斤斤计较，那我们将时时置于争吵中，安谧恬适的生活环境与安静舒适的学习条件都将不复存在。

Part4 "国无法不安，人无信不立"——诚实守信

1. "仙鹤"下蛋

诚信是一个古老的道德命题，它看似不像法律一样严肃刻板，让人一望而生畏，不敢轻易触及，而当我们自作聪明地想绕开它的时候，收获的必定是苦涩的果子。

古时候，有一个地主，他性情贪婪、善变，十分爱慕虚荣。一天，不知道他从哪里买回了两只小白鹤。

只要有客人来，地主总是既神秘又故意张扬地对客人夸口说："我家养了两只白鹤，这可不是一般的鹤，它们是真正的仙鹤呀！人家所有的禽鸟都是卵生的，我养的仙白鹤可是胎生的。"

这一天，地主家又来了几位客人，地主正和客人夸自己的两只"胎生"的仙白鹤，一仆人从后园跑来报告说："老爷，出怪事了。咱家的白鹤生了一个蛋，好大的蛋呀，跟人拳头一样大。"

"狗奴才，你胡说什么，你竟敢诽谤我的仙鹤呀！仙鹤怎么会生蛋呢？休要在此胡说八道！赶紧滚！"地主的脸羞得通红，对着仆人大声呵斥道。

这时，客人们站起身说："我们一直知道你养着两只仙鹤，只是难得一见，今天您就让我们去看看，开开眼界吧。"

无奈，地主只好带着客人一同走到了后园。一进后园，就看到其中一只"仙白鹤"正将后腿张开，身体趴在地上。

地主想叫白鹤站起来，便用拐杖去吓它。不料，那白鹤站起身来时，地上又留下了一枚鸭梨大的白鹤蛋。

地主的脸色涨得通红，他支支吾吾地自我解嘲，叹着气说："唉！没想到这仙白鹤也会败坏仙道，和凡鸟一样了。"

人们得知了，地主养的白鹤根本不是什么"仙鹤"，而是普通的禽类，是卵生的。从此，当地主再夸口自己家的"仙白鹤"时，人们再也不相信他的话了。

"说老实话，做诚实人"是最明智的选择。故事中，白鹤的主人故弄玄虚，将普通的禽类说成是仙鸟，结果当众出丑，搞得十分难堪。可见，一个人如果想要小聪明，企图依靠吹嘘来哗众取宠，最终只能成为别人的笑柄。

2. 杨诚鉴鼎

从古至今，诚信都是为人之道，是立身处世之本，是人与人相互信任的基础。讲信誉、守信用是我们对自身的一种约束和要求，也是外人对我们的一种希望和要求。

战国时期，燕国有一只叫赟鼎的镇国之宝。赟鼎形体巨大，气势宏伟雄壮，鼎身上还由能工巧匠铸上了精致美丽的花纹，让人看了有种震慑心魄的感觉，不由得让人赞叹不已。燕国的国君非常看重和珍爱赟鼎。

为了开扩疆域、争夺霸权，邻国赵国向燕国发起了声势浩大的进攻。燕国虽然幅员广阔、人口众多，但军事力量较弱，勉强抵挡了一阵就全线溃败了。

无奈之下，燕王只得派出使者，去向赵国求和。

使者回来后，报告燕王，"赵国答应咱们的求和，愿意停止战争，但是有个条件，就是要求我国献上赟鼎以表诚意。"

燕王很是左右为难，不献赟鼎吧，赵国不愿讲和；献赟鼎吧，自己又实在舍不得这个宝贝，如何是好呢？

这时，有个大臣站出来说："大王，赵国人从未见过咱们的赟鼎，我们何不献一只假的赟鼎，谅他们也不会看出来。这样既能签订和约，又能保住宝贝，难道这不是一个两全之策吗？"

燕王大喜，连忙拍手称是，便悄悄地换了一只鼎，假说是赟鼎，爽快地献给了赵王。

赵王得了鼎，左看右看，总觉得这只鼎虽也称得上是巧夺天工，但似乎还是不如传说中那样好，他想：燕国答应得那么痛快，自己又没亲眼见过赟鼎，这只鼎会不会是假的呢？要是到手的是一只假鼎，不仅自己受了愚弄，赵国的国威也会大大受损。

但是，能有什么方法可以验证它的真伪呢？赵王思前想后没有法子，只得召集左右一块儿商量。

一位聪明又熟悉燕国的大臣出点子说："臣听说燕国有个叫杨诚的人，非常诚实，是燕国最讲信用的人，毕生没有说过半句谎话。我们让燕国把杨诚找来，如果他说这只鼎是真的，那我们就可以放心地接受鼎了。"

赵王同意了这个建议，派人把这个意思传达给了燕国国君。

燕王把杨诚请来，对他把情况讲明，然后央求他说："我知道先生是一个诚实的人，但是赟鼎是我们国家的宝物，就请先生破一回例说一次假话，以保全宝物吧。"

杨诚沉思了半晌，严肃地回答道："您把赟鼎当作最重要的东西，而我则把信用看得最为重要，它是我立身处世的根本。现在大王想要微臣破坏自己做人的根本，来换取您的宝物，恕臣不可能办到，因为诚信是无价的。"

听了杨诚这番义正词严的话，燕国国君知道再说下去也没有用了，就将真的赟鼎献给了赵国，两国签订了停战和约。

诚信是我们立身处世的根本，也是我们一生应该追求的东西。无论在什么情况下，我们都不能放弃做人的根本，为人一定要正直，注重诚实守信。诚实守信是无价的，为金钱名利欺骗别人，最终都将是得不偿失的。

3. 只砍有记号的树

诚信不仅是一种品行，更是一种责任；不仅是一种道义，更是一种准则；不仅是一种声誉，更是一种资源。就社会而言，诚信是正常的生产生活秩序；就国家而言，诚信是良好的国际形象。在法律规范体制下，诚信就是道德标准，就是行为准则。

1944 年的德国，正处在战争的风尖浪口上，这年冬天，盟军完成对德国的铁壁合围，整个德国笼罩在一片末日的气氛里，经济崩溃，物资奇缺，老百姓的生活陷入困境。

对多数德国民众来说，食品短缺是人命关天的大事。更糟糕的是，由于德国地处欧洲中部，冬季非常寒冷，家里如果没有足够的燃料，根本无法熬过漫长的冬天。在这种情况下，各地政府只能允许老百姓上山砍树。

但是，处于国家崩溃前夕的德国人，在自己生命受到威胁时，他们并没有去哄抢，而是先由政府部门的林业人员在林海雪原里拉网式地搜索，找到老朽的树木，做上记号，再告诫民众：如果砍伐没有记号的树，将要受到处罚。在有些人看来，这样的规定简直就是个笑话：国家都快要灭亡，谁还来执行处罚？

当时的德国，由于希特勒垂死挣扎，几乎将所有的政府公务人员抽调到前线，到处看不到管理人员，更看不到法官，整个国家处于无政府状态。令人不可思议的是，直到第二次世界大战结束，德国也没有发生一起居民违章砍伐无记号树木的事，每一个德国人都忠实地执行这个没有任何约束力的规定。

究竟是什么力量使得德国人在如此糟糕的境况下，仍能表现出一般人无法想象的自律？答案只有两个字：诚信。诚信是一种习惯，它深入到一个人的骨髓中，融化到一个人的血液里，也正是凭借这两个字，德意志民族在经历了两次毁灭性的世界大战之后又奇迹般地迅速崛起。

4. 替死囚赴刑

人是群居动物，谁也不能以独立的个体存在。因此，人要进入社会，要与人交往，而个人诚实的品性就是人与人交往的基础，只有拥有诚实品质的人，才能赢得别人的信任，获得真正的朋友，取得事业的成功，立足于社会。

公元前 7 世纪，古巴比伦王国有个名叫桑德凯斯的年轻人即将被处以死刑。桑德凯斯是一个孝子，在临死之前，他希望能与母亲见最后一面，尽最后一份孝心，表达一下自己对母亲的歉意。

国王准许了桑德凯斯的这一要求，但交换条件是桑德凯斯必须找一个人来替他坐牢。国王以为没有人愿意来替桑德凯斯干这件蠢事，因为假如桑德凯斯一去不返的话，到时候被砍头的就是他自己。

但事实上，有一个人表示愿意来替换桑德凯斯坐牢——他就是桑德凯斯的好朋友凯德斯托。就这样，凯德斯托住进了牢房，桑德凯斯赶回家与母亲诀别。

人们都静静地注视着事态的发展，日子如水一样流逝，眼看刑期在即，桑德凯斯却没有如期归来，甚至音讯全无，凯德斯托只好替桑德凯斯受刑了。行刑的那天，正赶上个大雨天，当凯德斯托被押赴刑场时，围观的人都笑他是个傻瓜上了桑德凯斯的当，也有人对他产生了同情，在内心深处深深惋惜，并痛骂那个出卖朋友的小人桑德凯斯。

但是，刑车上的凯德斯托，却没有丝毫的畏惧，反而有一种慷慨赴死的豪情。追魂炮被点燃了，绞索已经挂在凯德斯托的脖子上。

突然，在滂沱的大雨中，桑德凯斯飞奔而来！他挥舞着双臂，高声喊着："不要！不要！请等一会儿，我回来了！我回来了！"

桑德凯斯冲到凯德斯托的身边，他们紧紧地拥抱在一起。这真正是人世间最感人的一幕，大多数人都以为自己是在梦中，但事实不容怀疑。

知道这件事后，国王马上赶到刑场，他为自己能有如此优秀的子民而感到喜悦万分。最后，国王为桑德凯斯松了绑，亲口赦免了他，并且重重地奖赏了他的朋友凯德斯托。

作为一种良好的社会交往品德，诚信是值得我们发扬和传承的，但是，诚信更需要对方的信任。在社会中，人是诚信的载体和传播体，"精诚所至，金石为开"，对诚信的人，我们应该信任，而不是猜疑。

5. 坚定的"顾客"

并不是每个人都能做到一诺千金，如果兑现不了就不要去承诺。如果承诺了别人的事情，一定要踏踏实实地落实好，来不得半点虚假。守信，会使人对你产生敬意，也因之会使人愿意公平地与你合作。

一名来自偏远山区的农民，来到煤矿当上了临时挖煤工人。一次，矿工在井下刨煤时，一镐刨在哑炮上。矿工不幸被当场炸死。

悲痛的矿工妻子在丧夫之痛后只获得了一笔抚恤金，她不得不面临来自生活上的压力，加之自己无一技之长，矿工妻子准备带着年幼的儿子收拾行装回到家乡那个闭塞的山村去。

这时，矿工队长找到了矿工妻子："嫂子，矿工们都不爱吃矿工餐厅做的早饭，我建议你在矿上开个面食店，卖些热面，说不定可以维持生计。"

矿工妻子想了一想，自己回家也没有什么维持生计的工作，便答应了下来。于是，经过矿工队长的帮忙，面食店很快就开张了，开张第一天就一下来了十个人。

由于味美价廉，来矿工妻子的面食店吃面的人越来越多，最多时可达

20人，但最少时却从未少过十个人，而且风霜雨雪从不间断。

后来，很多矿工的妻子都发现自己的丈夫有一个雷打不动的习惯：那就是每天下井之前必须先去矿工妻子的面食店吃上一碗面。

这令那些妻子们百思不得其解。直至有一天，矿工队长在刨煤时被哑炮炸成重伤。弥留之际，他对妻子说："我死之后，你一定要接替我每天去买一碗面。这是我们队十个兄弟的约定，自己的兄弟死了，他的老婆孩子怎么生活？咱们不帮谁帮。"

从此每天早晨，在众多吃面的人群中，又多了一位女人的身影。更重要的是，来去匆匆的人流不断，前来光临面食店的人，尽管年轻的代替了年老的，女人代替了男人，但从未少过十个人，依然闪亮的是十颗金灿灿的爱心。

穿透十几年岁月沧桑，当年死难矿工的儿子已长大成人，而他饱经苦难的母亲虽已两鬓花白，却依然用发自内心的真诚的微笑面对着每一个前来吃面的人。

诚信就是责任，只有心地善良的人才会懂得一诺千金的分量。遇难矿工的工友们，正是怀着一颗真挚善良的淳朴之心将诚信用一种无私的大爱展现出来，而遇难矿工的妻子正是感受到了诚信带来的温暖，才会真诚地对待每一位前去吃面的人，将这种诚信的大爱延续下去。

6. 将军陵墓的"邻居"

诚信是一切道德的根基和本原。它不仅是一种个人的美德和品质，而且是一种社会的道德原则和规范；不仅是一种内在的精神和价值，而且是一种外在的声誉和资源。诚信是道义的化身，同时也是功利的保证和源泉。

在纽约的河边公园里矗立着"南北战争阵亡战士纪念碑"，每年来此祭奠亡灵的游人络绎不绝。在公园的北部，伫立着美国第十八届总统曾在南北战争时期担任北方军统帅的格兰特将军的陵墓。陵墓雄伟高大、朴素庄严。陵墓后方，是一大片碧绿的草坪，一直绵延到公园的边界、陡峭的悬崖边上。

格兰特将军的陵墓后边，更靠近悬崖边的地方，还有一座小孩子的陵墓。那是一座极小极普通的墓，无论在任何地方，都很容易被忽视的那种。和当地人的大多数陵墓一样，只有一块小小的墓碑。在墓碑和旁边的一块木牌上，却记载着一个感人至深的关于诚信的故事：1797年，这片土地属于一个富有的农场主，不幸的是，他的小儿子不慎从这里的悬崖上坠落身亡。农场主伤心欲绝，将自己的儿子埋葬于此，并修建了这样一个小小的陵墓，以作纪念。

数年后，农场主家道衰落，他不得不将这片土地转让。出于对儿子的怀念，他对后来的土地主人提出一个奇怪的请求——新主人把孩子的陵墓作为土地的一部分，永远不要毁坏它。农场的新主人答应了他的请求，并把这个条件写进了契约。这样，孩子的陵墓就被保留了下来。

光阴飞逝，一个世纪以后。这片土地不知道辗转卖过了多少次，也不知道换过了多少个主人，孩子的名字早已被世人忘却，但孩子的陵墓仍然还在那里，它依据一个又一个的买卖契约，被完整无损地保存下来。后来，这片风水宝地被选中作为格兰特将军陵园。政府成了这块土地的主人，无名孩子的墓依然在政府手中完整无损地保留下来，成了格兰特将军陵墓的邻居。

一个伟大的历史缔造者之墓，和一个无名孩童之墓毗邻相伴，成了世界上独一无二的奇观。

二十世纪80年代，人们为了缅怀格兰特将军，在格兰特将军陵墓建立100周年之际，当时的纽约市长朱利安尼来到这里。亲自撰写了这个动人的故事，并把它刻在木牌上，立在无名小孩陵墓的旁边，让世人谨记诺言的重要性。

文中的历史缔造者格兰特将军之墓与一个百年前无名孩童之墓毗邻相伴。充分说明了"一诺百年"的伟大意义。信守诺言是一种精神的传递，是现代人应当而且必须具备的基本素质和品格。人们只有树立起真诚守信的道德品质，才能适应社会生活的要求，实现自己的人生价值。

7. 生与死的瞬间

生活中会出现许多出乎我们意料的事，没有人能预测出当你失去某些东西的时候，会不会有不经意的惊喜出现，只要你能多一点真挚和坦诚，你就会发现，命运的转变只在一瞬间。

一名身绑炸药的歹徒闯入一所小学，挟持了两名学生。警方得到消息后，第一时间赶到了学校与歹徒展开周旋。

歹徒已经失去理智，他时而仰天大笑，时而痛哭流涕，情绪异常激动，他向警方提出了条件：把人质放了可以，但是警方必须现在就枪决犯人王某，否则就与人质同归于尽。人质生命危在旦夕。

警方迅速查清了歹徒的身份背景。此人精通爆破技术，是某烟花爆竹厂的业务员。前不久，他被最好的朋友王某骗去经商，结果搞得倾家荡产，妻子也和他离了婚，因此精神受到极大刺激。

王某因涉嫌诈骗罪已被逮捕，法律自会给他公正的判决，歹徒提出的条件对于警方来说近乎荒诞，当然无法答应。

歹徒身上绑的是挤压式炸药，只要受到三公斤以上外力压迫就会引爆，如果他倒地同样会引起爆炸，因此警方不能将其击毙，只好派出了谈判专家与其周旋，先稳住歹徒的情绪，再准备伺机出动。

谈判从早晨一直持续到中午，歹徒的情绪稍稍稳定，再加上长时间的高度紧张导致体力下降，他不自觉地放松了警惕，两名特警悄无声息地迅速向他身后逼近。

突然，那名被挟持的女生向歹徒提出要上厕所，另一名男生一下子被提醒了，也跟着说要上厕所。

歹徒先是一愣，顿时警惕起来，他环顾四周，立即发现了身后的一切。他下意识地拉紧了手中的炸药引信，暴跳如雷，"骗子，你们全都是骗子。你们两个还想逃跑，没那么容易，当我是傻瓜啊？"

警方功亏一篑，气氛骤然紧张。

片刻之后，歹徒忽然又大笑起来，一踩脚，大声叫道："好，我同意你们上厕所，但是只能一个一个轮流去，如果有一个不回来的话，那么剩下的人就给我陪葬！我不再相信任何人，我也不想再和他们商量。"

事发突然，此刻连谈判专家也拿不出更好的应对之策，空气顿时凝固了，犹如箭在弦上。歹徒这一招真够歹毒，谁都明白，在那种场面之下，无论谁先走了也不会再回来送死。悲剧一触即发。

两个孩子吓得脸色煞白，面面相觑，不知所措。

"再不走，你们两个现在就陪我一起死。"歹徒为自己的"创意"感到得意，不断威胁催促。

僵持片刻，男孩开口了，他对女孩说："我是男子汉，你先走吧。"

女孩仿佛得到特赦，转身就走，刚走出两三步，忽又停住，回过头告诉男孩："请你相信，我一定回来。"声音很小，却字字清晰。

男孩苍白的脸上泛出淡淡的笑容，冲她点了点头，"我相信你。"

女孩一路小跑，离死神越来越远……

警方不知所措，如果女孩上完厕所再回去当人质，至少这样不会刺激歹徒的情绪，然后再从长计议。但是，又总不能劝好不容易才死里逃生的人质再往火坑里跳吧。斟酌再三，警方决定由女孩自己做主。

每一秒钟都像过了一年，现场一片寂静，只有每个人心跳的声音。还好，几分钟后，女孩上完厕所后主动回去了。

歹徒大感意外，有些沮丧，又有些不甘心，只好把男孩放出去。

临走时，男孩也告诉女孩，"请你相信，我也一定会回来。"

谁知，男孩上完厕所，正往回走，围观人群中忽然跑出一个女人，一把将男孩抱住，放声痛哭，男孩叫了一声"妈"。

歹徒隔得不远，清楚地看到了这一幕，他手拉着引信仰天狂笑，他知道，世上没有一个母亲会眼睁睁地看着儿子涉险。

谁也没料到，那个母亲擦干眼泪，松开手，拍了拍男孩的肩膀，"儿子，你是男子汉，有警察叔叔在，咱什么都不怕！"

男孩又走了回来。歹徒一脸的茫然，双眼死死盯着两个孩子，表情复杂而又奇怪。出人意料，几分钟后，他举起了双手，向警方投降。

坐在警车里，歹徒对着人群说："自从那次被朋友欺骗之后，我就开始怀疑全世界，我觉得人与人之间根本没有信任可言，所以我要报复所有人。但是，今天当我看到两个孩子彼此以生命相托时，我突然发现，我错了。"

诚信是一股清泉，能洗去欺骗，洗去邪恶，让心灵流淌着洁净，让罪恶走向善良。

Part5 "爱人者，人恒爱之，敬人者，人恒敬之"
——懂得尊重

1. "头等舱已经有主人了"

尊重是一种修养，一种品格，一种对人不卑不亢的真诚相待，是对他人人格与价值的充分肯定。任何人不可能尽善尽美，完美无缺，我们没有理由以高山仰止的目光去审视别人，也没有资格用不屑一顾的神情去嘲笑他人。

在一架由加州起飞的客机上，一名漂亮的白人女士选择了一个经济舱座位。她刚刚坐下来，却发现身边是一个黑色皮肤的男人。

白人女士对身边的黑人怒目而视，她气势汹汹地把空姐叫来，"你们把我安排在这里，我受不了坐在这种令人倒胃口的、丑陋的家伙旁边，再给我找个位置！"

空姐看了看身边的黑人，有些不好意思，黑人则用微笑回应。

几分钟后，空姐回来了，她微笑着说："女士，很抱歉，经济舱已经客满了，不过在头等舱还有一个空位。"

不等白人女士说话，空姐接着说："在这种情况下，将乘客提升到头等舱，的确是我们从未遇到的情况，但是我已经获得机长的特别许可。"

见白人女士的脸色有所缓和，空姐继续说道，"机长考虑到这是个特殊的情况，他认为要一名乘客和这么令人讨厌的人同坐，真是太不合情理了。"

白人女士刚要站起来，准备换位。空姐却转向了那名黑人，"先生如果您不介意的话，我们已经准备好头等舱的位子了，请您移驾过去。"

顿时，机舱里爆发出一片热烈的掌声，那名黑人站起来，朝周围的乘客挥了挥手走向了头等舱。而那名白人女士则红着脸低下了头。

你也许有出众的美貌、至高无上的地位。但这并不能成为高傲的借口，成为你不尊重别人的理由。当你觉得别人无足轻重，不予重视时，别人也会对你漠不关心。因为尊重是相互的，你尊重别人，别人就尊重你，你不尊重别人，自然也就会受到别人的冷落。

2. 尊重的"化身"

在生活中，有很多人喜欢让别人按照自己的意愿去生活，而不管别人愿不愿意。事实上，互相理解和尊重是良好交际的前提。当你在交往中试着替别人考虑，理解并尊重别人的意愿时，你将得到更多。

传说经过一次战役，年轻的波塔国王被邻国的士兵抓获。

邻国的国王十分欣赏波塔国王的勇敢和才华，他也不想常年与波塔国交战，便对波塔国王说："只要你能回答一个全世界最难的问题，我就承诺不杀你，并且我们两国以后再无战争。"

波塔国王点点头说："你问吧，我一定可以回答上的。"

邻国的国王慢悠悠地问道："你知道女人真正想要的是什么吗？"

这个问题的确很难，波塔国王想了好一会儿也想不出来，但总比死亡要好得多，他接受了邻国国王的难题，约定在一年中的最后一天给他答案。

回到自己的国家，波塔国王开始向每个人征求答案：内阁大臣、公主、牧师、智者、宫廷小丑，他问了所有的人，但没有人可以给他一个满意的回答。眼看日子一天天过去了，波塔国王整天愁眉苦脸的。

后来，一个大臣说："城南有一位知识渊博的女巫，也许她应该知道答案。"

于是，波塔国王立刻派人骑快马将女巫请到了宫中，将事情全部告知了女巫。

女巫答应回答波塔国王的问题，但他必须首先接受她的交换条件：和波塔国王最高贵的武士之一，他最好的朋友——加温结婚。

波塔国王惊骇极了，女巫满头鹤发、驼背、丑陋不堪，只有一颗牙齿，身上发出臭水沟般难闻的气味。他从没有见过如此不和谐的怪物。他拒绝了，他不能强迫他的朋友娶这样的女人而让自己背负沉重的精神包袱。

知道这个消息后，加温跑来对波塔国王说："我同意和女巫结婚，没有比拯救波塔国王的生命和保存国家利益更重要的事了。"于是，女巫回答了波塔国王的问题："女人真正想要的是主宰自己的命运。"波塔国王得救了。

来看看加温和女巫的婚礼吧，这是怎样的婚礼呀！满头鹤发的新娘配上年轻英俊的加温，是那么的不协调，而且女巫在庆典上表现出她最坏的行为，看得出王国的每一个人都在为加温感到惋惜，波塔国王更是深感痛苦与自责。只有加温一如既往地谦和。

新婚的夜晚来临了，加温依然坚强地面对可怕的夜晚，走进新房。是怎样的景象在等待着他呀！加温简直不敢相信自己的眼睛，他惊呆了，因为他看到的是一个绝色美女躺在婚床上！

美女微笑着说："因为当我是一个丑陋的女巫时，你对她非常好。于是，我决定一天的一半是美丽的。现在我是你的妻子了，我把选择权交给你，你是选择让我在白天呈现可怕的一面，还是夜晚呈现美丽的一面？"

"在白天向朋友们展现一个美丽的女人，而在夜晚让自己面对一个又老又丑如幽灵般的女巫呢，还是选择白天拥有一个丑陋的女巫妻子，但在晚上与一个美丽的女人共度良宵？"加温开始思考他的困境。

最后，加温没有做任何选择，他微笑着对妻子说："既然女人最想要的是主宰自己的命运，那么什么时候展现美丽的一面，就由你自己决定吧。"

美女笑了笑，说道："好吧，为了你的尊重，我决定白天、夜晚都是美丽的女人。"

尊重不仅是给予他人，而是互相的，有一位名人曾经说过："你尊重别人，才会赢得别人的尊重。"不错，人与人之间都是互相依靠而存在的，没有人是完全独立的，所以尊重对于所有人来说都是至关重要的，看到别人有进步，应该给别人喝彩，而不是妒忌，看到别人失败，应该给别人鼓励，而不是冷嘲热讽。

3. 一次特殊的合影

有的人激情开朗，有的人内敛含蓄；有的人沧桑而质朴，有的人浅薄而浮华，生活就是这样多姿多彩，五彩缤纷。所以我们不要为了自身价值而抵触别人的存在。要知道，生活自有它的逻辑，丑恶的终将被美好的所代替，虚幻的将被真实所代替，永恒的绝对永恒。因此，欣赏别人，就是对别人的尊重，同时也尊重了自己。

李芸是某县重点学校的英语老师，她的口语教得非常好，连续在省、市、县各类比赛中多次获得大奖，多次被上级评为优秀教师。但是，对自己不足1.5米的身高，李芸经常感到自卑。有一年，李芸被县里作为唯一的代表派到省里参加一个教育团到澳大利亚进行外事访问学习活动，在众多已是业务精英的老师当中她是最矮，外表最不起眼的一个。站在这些人中间，李芸有些自卑。

令李芸感到惊喜的是，访问期间，他们受到了澳大利亚市政府的隆重欢迎，市政府先安排他们参观了当地的学校并和当地的老师、学生进行了互动交流，然后安排他们到当地旅游胜地旅游。更没想到的是日理万机的澳大利亚市长数次接见了他们。

临走那天，欢送仪式结束后这些老师们想和这个帅气十足、风度翩翩的市长合影留念，但谁也不敢提出合影的要求，他们每一个人都知道市长确实太忙了。但出乎意料的是，市长主动提出了和大家一一合影的建议。

但是，等李芸和市长站好拍照，难题出现了。原来身高不足1.5米的李芸和身高超过2米的市长悬殊太大了，相比而言，市长像一棵挺拔的大树，摄影师无论怎样选角度调焦距都无法将集体合影完美地表现出来。

摄影师显得很窘迫，李芸显得很尴尬，她红着脸对市长说："市长，在短短的几天时间里，谢谢您给予了我们那么多的快乐，但是我不想合影。"

这时，市长微笑着回答："这张照片一定要照。"

令人始料不及的是，市长当众微笑着跪了下来！此时，站着的李芸和跪着的市长，正好符合摄影师拍照的最佳高度，画面布局十分和谐。所有在场的人都将目光投向了这位充满阳光气息微笑着的市长。

李芸的眼里有了泪，她感受到市长降低身高温情的一跪不仅是为了一张照片，而且是对自己人格和尊严的尊重与呵护，更重要的是对中国教育的尊重。

尊重是一笔财富，一个人在与别人交往中如果能照顾到别人的处境和心情，很好地理解别人、尊重别人，那么他一定会得到别人百倍的理解和尊重。文中市长的一跪，不是一种屈尊，而是一种风度。他用润物细无声的温情感动着每一个需要关照呵护的心灵，既提升了别人的自信和尊严，又提升了自己的品位和魅力。这不光是市长的自豪，也是一个城市的自豪。

4. 乞丐也有尊严

没有爱心的给予只会带给需要帮助的人更大、更多的伤害。给予别人并不是施舍，而是人与人之间的互相信赖和互相帮助。用一颗爱心帮助别人的同时，又要善意地维护别人、即使是落魄的人的尊严。给予是对别人的一种尊重。

在一个寒冷的大雪天，一个饥寒交迫的乞丐敲开了一户人家的大门，开门的是一个面相慈善的妇人。

"请您给我一个干活的机会吧，我什么都不要，只要能换取一顿简单的饭食就好。"乞丐有些哀求地说道。

妇人看了看乞丐的面容，把他领进了家，说道："正好我家院子那边

99

有堆煤块挡路，请帮我把它移到南边的院墙下去吧。"

乞丐非常高兴，他乐呵呵地帮妇人把煤块搬运到了南边院墙下。当他干完活的时候，妇人早已给他预备下了一桌丰盛的饭菜。乞丐饱餐一顿之后，心满意足地离开了。

等乞丐走后，妇人令儿子将煤块又从南边院墙下搬回了原位置。儿子弄不明白妈妈的用意，"妈妈，为什么这堆煤块总是被不断前来干活求食的人搬来搬去？"

妇人拍拍儿子的头，意味深长地说，"乞丐也有尊严，劳动以后再吃饭他才吃得香，吃得踏实。"

关心别人、尊重别人必须具备高尚的情操和磊落的胸怀。当你用诚挚的心灵使对方在情感上感到温暖、愉悦，在精神上得到充实和满足，你就会体验到一种美好、和谐的人际关系。

5. 对等的谈判

对于大多数人而言，尊重一个大人物很容易，尊重一个身份低微的人却很难。殊不知，每一个生命都需要得到别人的尊重，也有权利得到别人的尊重。

动物王国和人类发生了冲突，为了维护边境的安宁，动物王国的首领老虎决定派一位和平使者去和人类国王进行谈判。

动物大臣们都知道人类国王骄横狂傲，仗势欺人，它们都担心自己前去会身遭不测，因此没有一个人敢上前领旨。

虎王长叹一声，说道："唉，你们怎么都这么保护自己啊？难道我堂堂动物王国竟然没有一个忠臣么？我平时是怎么恩待你们的？"

动物大臣们低下了头，谁也不说话。

这时，一个声音从大殿外面传过来："大王，我愿意领旨，前去和人类国王进行谈判。"

大家纷纷回头看去，原来是王国的侍卫小花猴。

"你？"虎王摇了摇头，又无可奈何地点了点头。

人类国王坐在大殿上，威风凛凛，他一见小花猴，便嘲笑道："动物王国没有人吗？你们怎么如此贫穷，堂堂的动物王国大臣，连件像样的衣服都没有。"

小花猴心平气和地回答："国王，我们动物王国人丁兴旺，只要每人从身上拔下一根毫毛，天空就像下起了雪花；每人挥挥汗水，就像下起了倾盆大雨，您怎么能说我们动物王国没有人呢？"

人类国王继续笑着说："既然你们有人，为什么不派一个又高又大、衣着光鲜、有羞耻感的来呢？你作为动物王国的大使，又瘦又小，竟然还光着小屁股，难道你们动物王国一向这么没有礼貌、没有羞耻感吗？"

"这个么，国王你就不太清楚了。其实，我们动物王国向各国委派使者是有规矩的。"小花猴不慌不忙地说道。

"什么规矩？"人类国王好奇地问道。

小花猴从容地说道："通常，有才干、有尊严、衣着光鲜的贤才，往往被派去见有尊严、有才干的国君；无能、无貌、没有羞耻感的人，被派去见无能、无貌、没有羞耻感的国君。而我正是我们动物王国里唯一无能、无貌、没有羞耻感的人，所以虎王就派我来见你了。"

听完小花猴的这番话后，人类国王窘迫不已，他再不敢小瞧这个和平使者了。

尊重别人就是尊重自己。在与人交往中，不管对方是什么身份，你都应该礼貌地接待他，不要仗势欺人，不要恶语相向，更不要肆意地侮辱、取笑他人。要知道，侮辱他人的人，往往自取其辱，最后弄得自己下不了台阶。

6. 卸下燃料的客机

给需要帮助的人一些力所能及的帮助，很多人都可以做得到，可是能在帮助他人的同时考虑到他人的自尊却未见得人人都会想到。因为懂得尊重别人不仅可以使自己的心灵受到深深的震撼，更可以使他人拥有自尊和自信。

一天晚上，一个在法国做生意的人因为生意上的事情，需要从巴黎乘坐法兰西航空公司的飞机去德国汉堡。这班飞机他坐过很多次，是直达汉堡的班机。但是，今天飞机行程刚过一半的时候，却突然降落在一个不知名的机场。

生意人有些疑惑，连忙问身旁的空姐："小姐，请问发生了什么事情？"

空姐微笑着细声解释说："我们只是中途停下来加油而已，因为今天，我们飞机上的人员超重了，机长当即决定将飞机的部分燃料卸下，以减轻重量。等到行程一半的时候，再到一个小机场二次补充燃料……"

生意人站起来，环顾四周，果然发现飞机上坐了几个极胖的乘客。作为生意人他一眼就看出这绝对是一桩很赔本的生意。因为在一个机场降落所需支付的费用，远远不是那几位乘客的机票钱所能解决的。

于是，生意人忍不住问空姐："小姐，你们这样不是很不划算吗？若是礼貌地把那几位胖人请下去搭乘下一航班，不是更加科学一点？"

空姐摇头说："不！我们不能这么干，因为无论胖瘦，他们持有的机票都是一样的，他们都是我们的乘客，我们不能丢下他们中的任何一个，必须保证让每一名乘客都能顺利到达目的地。"

生意人听完后，被深深地触动了，他立即佩服地点点头。

后来，每一次往返于欧洲各地，生意人总是喜欢挑选法兰西航空公司的航班，因为他喜欢上了那种真正的尊重——抛弃利益而为顾客服务的尊重。

因为这样对顾客的尊重，法兰西航空公司赢得了顾客的信任和叹服。真正的尊重是发自内心、一视同仁的敬重与珍视，是抛弃个人利益而坚持以人为本的服务态度和一颗心系他人的责任心凝聚起来的尊重。

7. 乞丐选出的天使

微笑是尊重他人的表现，天生我材必有用，每一个人都有他活着的价值，对于社会来说，每一个岗位都是重要的，我们要将最美的笑容传递给每一个人，多多赞美他人，赞美是一剂良药，能抚平一个人受伤的心灵，使他们也能从内到外开心地笑。其实，生活中更多的是要记住别人的好，忘记别人的错，这样才会使你更加轻松。

在圣诞节的前一天，一座小城的全体乞丐们聚集在一起，他们决定在全城居民中选出一位施舍给他们最多、温暖最多的人，然后编织一只"善良天使"的花环，把它作为圣诞礼物，送给大家公认的最善良的人。

"这个人是谁呢?"乞丐们开始了激烈的讨论。

一个乞丐提议："我想，我们应该评选那位大腹便便的阔绰富翁，因为我们有好几次向他乞讨时，他每次都是给予整整百元的美元大钞。"

"不! 我认为我们应该把这项荣誉给予市中心的那家餐厅老板，因为每当大家饥肠辘辘时，他总能雪中送炭地让我们饱吃一顿热气腾腾的面包和美酒。"又有一个乞丐说道。

还有个乞丐提议："我们应该把这项桂冠授予那位德高望重的医生，因为大家谁有小疾，他总是及时地出现在我们的面前，不嫌弃我们的肮脏和贫寒，热情耐心地帮助我们每一个人治病……

正当乞丐们争吵得面红耳赤的时候，一个形容枯槁，衣衫破烂的老乞

103

丐站了起来，他说："我想应该把'善良天使'授予那个天天给我们扫大街的大婶。"

"不行，她并不比我们富裕，没给过我们百元大钞，甚至连一块面包也没有。"好多乞丐当即表示了反对。

老乞丐认真地说道："但是，只有她才给了我们别人没有给予过的东西，她给予我们的比这些都重要，甚至比黄金钻石还珍贵。"

大家都静下来了，一齐探询地望着那个老乞丐："她到底给了我们什么呢？"

老乞丐沉静地望着大家说："她每次都给我们微笑，并且还经常抱歉地同我们每个乞讨者说'对不起，我身上没有钱，我跟你一样的穷，实在没有什么能给予您的'。她给予了我们尊重。"

大家都沉默了，是的，面包、衣服、金钱、美酒都常常有人施舍过他们，但又有多少人能送给他们微笑和尊重呢？所有的乞丐都"哗哗"鼓起掌来，大家一致通过把这项桂冠授予那位几乎一无所有的大婶。

尊重即敬重、重视。每个人内心都渴望得到尊重，你只有首先尊重别人才能赢得他人的尊重！尊重是顺利展开工作、建立良好人际关系的开始！尊重其实非常简单，就是每天保持亲切的微笑，"把微笑留给别人，这样才能把欢乐留给自己！"

第二章
机智聪敏，方能站稳脚跟
——"男子汉"蓄力篇

从社会交往的能力和适应力的角度看，机智聪敏，适当的圆融处世，是一种拥有良好交际能力的表现。这要求一个人能对所处的环境和他人的感受有敏锐的判断力，能根据当时的处境说出在当时最该说的话，做出在当时最该做的事情。这种人通常在各个方面都适应得很好，能够很快融入到一个全新的环境中。

Part1 "一力降十会，一巧破千斤" ——智勇双全

1. 纪晓岚巧解 "老头子"

生活中有一些人处世圆融，不过是为了变通的需要，以更好地适应一时一事，所以圆融是为人所接受的。

纪晓岚因为长得胖，每到盛夏都会很怕热。但是按照君臣礼仪，官员见皇帝时，即使是大热天，也得穿戴整齐，不能有丝毫失礼之处。因此一到夏天，纪晓岚的日子就不好过。

在入值南书房的那段日子，纪晓岚经常是见过皇帝后，一回到南书房就连忙脱衣纳凉，凉快一阵后才穿衣出宫。乾隆皇帝知道了这个情况，就想找机会戏弄他一下。

这天，纪晓岚在养心殿见过乾隆后，回到南书房时全身的衣服都湿透了。他连忙脱去衣服，与几位同僚打着赤膊，一边扇扇子一边谈笑风生。正在高兴的时候，乾隆皇帝突袭检查来了。

众人一见，吓得慌忙披起官袍，跪伏在地。纪晓岚是个近视眼，直到乾隆走到跟前才看见，这时披衣也来不及了，赶忙伏到桌子底下，不敢抬头。乾隆一见，心中暗笑，不动声色地在一张椅子上坐了下来，不说话也不走。

别人跪在地上还可以忍受，纪晓岚伏在桌子底下实在热得吃不消，便从桌子底下伸出头来问："老头子走了吗？"

乾隆皇帝一听觉得好笑，却佯作恼怒的样子，大声喝道："纪晓岚无礼，竟敢说出这种无礼的话！没穿官服还可饶恕，'老头子'三字做何解

释？你说得有理倒也罢了，说不出理来，定斩不赦！"

纪晓岚不慌不忙地说："臣尚未穿衣，不好回话。"乾隆叫人拿衣服给他穿上。纪晓岚穿好了衣服，乾隆又问："为何叫朕'老头子'？快说！"纪晓岚从容答道："万寿无疆之为老，顶天立地之为头，父天母地之为子。"

乾隆皇帝一听哈哈大笑，说："好！好！算你才思敏捷。"就这样，纪晓岚靠一番灵活机智的辩解化险为夷，还顺便拍了皇上的马屁。

纪晓岚是清朝有名的大才子，机智过人。同时，办事能力又很强，因此很得皇帝喜欢。他巧解"老头子"的典故也体现了他"内心中正"的圆融守则。倘若心中本来不敬，恐怕口中说的就不是"老头子"，而是"乾隆老儿"了，那时估计再机智也难逃一劫。

2. "公鸡下蛋"

在学习生活中，我们要多观察分析社会事物的发展变化规律，才能在遇到困难时揭示矛盾的关键，直指诸事的利害，用妙语和气势令对方折服。

甘罗是战国时代著名大臣甘茂之孙，中国历史上有名的神童，从小聪明过人，是著名的少年政治家。小小年纪拜在秦国丞相吕不韦门下，做其才客。后为秦立功，被秦王拜为上卿，是中国历史上最年轻的丞相。

甘罗的祖父在朝当官时，一天秦王把他叫去说："你在朝居官，朕待你如何？"

甘罗的祖父说："大王待我恩重如山。"

"既然如此，朕让你办点私事，你可情愿？"

"为大王效力，臣万死不辞。"

"近来朕得了一种病，非吃公鸡蛋不愈。朕限你在三天之内弄几颗公鸡蛋来，否则罚你一死！"

甘罗的祖父明知无法弄到，但圣命如山倒，只得接受任务。回到家中，愁眉不展，唉声叹气。12岁的孙儿甘罗便问："祖父今日回到家来，面带忧色，为了何事？"祖父便把事情的经过说了一遍。

"祖父不必着急，第三天孩儿我去替你交差便是了。"

"公鸡能下蛋？我年岁已高，经事也不少，但真是见所未见，闻所未闻。你年仅12岁，能有何法？总是一个死，还是我去死好了。"

"请祖父放心，我自有办法。"

第三天，甘罗上朝拜见秦王。

秦王问："甘茂为何今日不来朝见？你一个小小孩童来干何事？"

甘罗不慌不忙地说："启奏圣上，我祖父昨晚上生了个小孩，不能上朝，特地让我来请假。"

秦王怒气冲冲地说："你简直是胡说！男人怎能生孩子！"

甘罗马上说："既然男人不能生孩子，那公鸡岂能下蛋？！"

一句话问得秦王哑口无言，答不上话来。秦王见12岁的甘罗有胆有识，便当场封他为丞相。

从普普通通的少年跃上上卿的宝座，小甘罗正是用自己的胆识和智慧，向人们诠释了洞悉人情世故的重要性。他用能言善辩、步步为营的口才、洞察时局的智慧，巧解秦王的难题，使祖父甘茂化险为夷。也为自己赢得了成功的机会。

3. 察言观色巧断案

一个善于察言观色的人，一定善解人意，机灵乖巧。能了解对方在想什么、需要什么，什么事情都逃不过他的眼睛，这是一种天赋。有些人天生就比较敏感，能很轻易地看出别人的情绪反应。拥有这种知己知彼的能力，做起事情来就容易百战百胜。所以这是一种沟通上的优势，有这种优势，沟通时就轻松多了。

从前，苏州虎丘有兄弟俩，分家已多年。弟弟是个败家子，分家后没多长时间便把家产挥霍一空，哥哥念及兄弟情分，经常给他钱花。哥哥年纪五十多，只有一个儿子，已娶了媳妇，小夫妻俩感情非常好。

一天，弟弟的妻子跑到哥哥家里借钱，只见侄媳妇在厨房里做饭，两人便拉起了家常话。

此时，侄儿从田里劳动回家，进门便说："赶紧吃饭，饿死我了。"

妻子马上盛饭给他，他便狼吞虎咽地吃了起来，片刻。忽然腹痛难忍，倒在地上翻滚了一阵，便七窍流血而死。妻子大惊失色，不知丈夫怎么会突然死去。

"大家快来看呀，侄媳妇谋杀亲夫啦！"婶婶大叫道。

官府公开审理此案，弟弟媳妇也到庭作证。官府严刑审问哥哥的儿媳妇，她受不了残酷的刑罚，便屈供了"与人通奸谋杀亲夫"，并乱指她的表兄是"奸夫"。她的表兄见了刑具十分害怕，便也胡乱招供了。

不久，有个总督到苏州各地巡视，看到这个案件。

"哪有大白天当众谋杀亲夫的？"总督心想。

于是，他召来一个很有才能的知府对案子重审。知府阅完案卷后也觉可疑，便传来有关人员，分别讯问。

第二天，知府再次升堂，又把有关人员全部传来，说道："昨天夜里，死者托梦告诉我说，毒死他的人，右手掌颜色会变青。"

边说边用眼睛把众人看了一遍。

又说，"死者还讲：毒杀他的人白眼珠要变黄。"说完又仔细打量众人。

知府忽然拍案，指着弟弟的妻子说："杀人者就是你！"

"是侄媳妇杀了自己的男人，供都已经招了，怎么凶手倒成了我？"那女人大为惊慌，连声喊冤。

知府说："我说杀人者右手掌颜色会变青，别人都泰然自若，只有你急忙看自己的手，这是你自己供认了；我说杀人者白眼珠会变黄，别人都不动，只有你丈夫急忙看你的眼睛，这是他把你供认了。你还狡赖什么？"

弟弟的妻子只好供出实情。

原来，弟弟夫妇早就有心吞吃哥哥的财产，每次去哥哥家都身带砒霜，伺机投毒，但一直未得手。那一天，她偷偷往饭里放了砒霜，本想毒死哥哥全家，没想到侄儿喊饿先吃，所以只毒死了他一个。

一大冤案，仅过了两堂，寥寥数语，便全部昭雪，大家称颂知府神明。

知府连忙说："不是神明，我只是按了四字诀办理此案：察言观色。"

爱默生曾说："细节在于观察，成功在于积累。"观察是智慧的最重要的能源，一切推理都必须从观察与实践中得来。

4. 徐文长智得礼物

俗话说"流水不腐，户枢不蠹"，大脑也如此，越用才越灵。生活中遇到事情要多动脑筋，这样不仅自己可以学到更多的知识，而且能不断地锻炼想象思维。青少年善于动脑筋，在不断的实践中锻炼了遇事就要动脑筋的好习惯。

徐渭是明代文学家、书画家，字文长，山阴（今浙江绍兴）人，民间流传着很多他的机智故事。

有一天，徐文长的伯父把两只小木桶装满水，然后领着徐文长同一群孩子走到一座又矮又小的竹桥边，对大家说："谁能把这两桶水提过桥，我就送他一包礼物。"嘴里对小朋友说，眼睛却望着徐文长。徐文长心里明白，说是考大家，其实是为难自己，因为这座竹桥桥身很软，有弹性，又贴近水面，人一走上去，桥身就会弯下去碰到水面。如若一手提着一只水桶走过桥，水不泼翻才怪呢。好久好久，小朋友没有一个吭声的。

徐文长说："那我来试试吧。"说着，他脱去鞋子，用两根绳子系着小桶，将小桶置入竹桥旁边的水里，便走上竹桥，拖着小桶毫不费力地过了桥。小朋友们齐声喝彩。伯父不得不暗暗叫声"好"字，脑子里忽地又跳出一个主意，便说："文长啊，我说话算数，喏，这包礼物你来拿吧。"徐文长一看，只见伯父将那包礼物吊在一根长长的竹竿梢上，便笑嘻嘻地走上前去解开。

"慢！"伯父叫了一声，"你要拿礼物，必须遵守两个条件：第一，不能把竹竿横躺下来；第二，不能垫凳站高去拿。"小朋友们顿时起了一阵小哄："伯伯存心刁难人嘛！"徐文长那对滴溜溜的眼珠子转了转，便笑道："我一定遵守伯父的条件。"说着，他就捏住竹竿，举着它走到一口水井旁边，再把竹竿慢慢从井口放下去，当竹竿梢放到和他齐身时，便顺手从竹竿梢上解下那包礼物。"好！"小朋友们和徐文长的伯父禁不住都高声夸赞起来。

还有一次，年幼的徐文长去私塾读书，走近村外那座石桥，远远看见桥旁边围观了好些闲人，还听得河道里骂骂咧咧的争吵声，便急步朝石桥奔去。挤进人群，钻出来站到桥墩边，吵骂声就清晰了："前面的乌船快让道，我们要赶路呐！"

"我过不了桥洞。"

"笨蛋，把稻草搬掉几层嘛！"

"搬上河岸，过了桥又要搬上船，这样要耽搁多少工夫啊！"

"谁叫你装这么多？你不肯耽搁自己的工夫，就不怕耽搁旁人的工夫?！"

吵到后来，骂娘的话也出来了，越骂越难听。徐文长见那只挡道的小船满载着稻草，恰好高出桥洞半尺光景，小船横竖过不了桥洞。后边大小船只排成了长蛇阵。船老大们高声怨怪，叫骂不绝。

徐文长见状说道："不用搬，不用搬，我有好办法——往船舱里舀水，船重了吃水就深，稻草顶就会低于桥顶的嘛!"众人异口同声说："好办法，好办法。"稻草船主人按照徐文长的办法去做，果然很快顺利地通过桥洞。阻碍消除了，一长串大小船只逶迤地划过桥洞。

人和动物区别之处就在于人善于动脑，而动物不能。一个聪明孩子和一个不聪明孩子的区别，很大程度也就在于善不善于动脑。

5. 赤身示人的陈平

遇事慌张，是成功者的大忌。尤其是在面对比自己强大的对手时，如果乱了方寸，便会受制于人，处于被动而陷入困境。当危机发生时，只有让自己保持头脑的清醒，才可能在电光火石的瞬间看出对方的破绽或是问题的要害，从而找出破解之法。

陈平，阳武（今河南原阳）人，西汉王朝的开国功臣之一。在楚汉相争时，曾多次出计策助刘邦。著名的军事家、政治家，"反间计"、"离间计"，均出自其手。陈平在当初投奔汉王刘邦时，曾遭遇过一件险事。那是春夏之交的时节。这天中午，天空灰蒙蒙的，碧绿的田野一片静寂。这时，从楚王项羽的军营里走出一个人，身穿将军服，佩带一把宝剑，警觉地四下看着，顺着田间小路，急匆匆地向黄河岸边赶去。这个人就是陈平。他要偷渡黄河去投奔汉王刘邦。

陈平赶到河边，轻声叫来一艘渡船。只见船上有四五个人，都是粗蛮大汉，脸上露出凶相。当时陈平早已觉察到，上这条船有些不妙，但又没别的去路。他担心误了时间，楚兵会很快追赶上来，只好上了船。

船只慢慢离开了岸，陈平总算松了口气，但他敏锐地观察到，船上这几个人正窃窃私语，相互递着眼色，流露出不怀好意的举动。于是，他从船舱内站起来，走出船舱说："舱内好闷热啊！热得我都快要出汗了。"

陈平边说边佯作若无其事地摘下宝剑，脱掉大衣，倚放在船舷上，并伸手帮他们摇船。这一举动，出乎他们的预料，使他们一时不知道该怎么办才好。陈平很用力地摇船。过了一会儿，他又说："天气闷热，看来要下一场大雨了。"说着，又脱下一件上衣，放在那件外衣之上。过了一会儿，再脱下一件。最后，他索性脱光了上衣，赤着身子，帮他们摇船。船上那几个人，看见陈平没有什么财物可图，就此打消了谋害他的念头，很快把船划到对岸了。

陈平在这样的情况下，以他一介文士的身份，不论是向船家极力辩解还是凭一时血气之勇拔剑与船家展开搏斗，恐怕都难以逃脱被船家杀害的结局。陈平能在间不容发的紧张瞬间想出办法，不露声色地把危机消解于无形，不愧为刘邦手下的一大谋士。

Part2 "取其法度，兼以巧思"——能言善辩

1. 太太的钻戒

在当今社会，沟通永远要比拳头更能解决问题。在这个世界上，没有讲不通的道理，只有不讲道理的人；没有不能沟通的事，只是人们不懂得如何去沟通罢了。

有个妻子要过生日了，她希望丈夫不要再送花、香水、巧克力或只是请吃顿饭。她希望得到一枚钻戒，要知道，他们结婚五年了，却还没有一个正经的定情信物呢！

"今年我过生日，你送我一枚钻戒好不好？"妻子对丈夫说。

"什么?"妻子的"狮子大张口"吓了丈夫一跳。

"我不要那些花啊、香水啊、巧克力的。没意思嘛,一下子就用完了、吃完了,不如钻戒,可以做个纪念。"

"钻戒,什么时候都可以买。一束玫瑰花,一顿烛光晚餐,这多有情调,你们女人不是最爱浪漫吗?"

"可是我要钻戒,人家都有钻戒,就我没有,就我可怜、没人爱……"结果,原本恩爱的夫妻俩因为生日礼物,居然吵起来了,吵得甚至要离婚。

更妙的是,大吵完,两个人都糊涂了,彼此问:"我们是为什么吵架啊?"

"我忘了!"太太说。

"我也忘了。"丈夫搔搔头,笑了起来,"啊!对了!是因为你想要枚钻戒。"

另一个太太,也想要枚钻戒当生日礼物。但是她的说话方式可不像上一个妻子那样直白。她是这样跟自己的丈夫说的:"亲爱的,今年不要送我生日礼物了,好不好?"

"为什么?"丈夫诧异地问,"难道我送你的礼物你都不喜欢吗?"

"明年也不要送了。"

丈夫眼睛睁得更大了。

"我想……我们可以把给我买生日礼物的钱存起来,存多一点,存到后年。"太太不好意思地小声说,"我希望你给我买一枚小钻戒……"

"噢!"丈夫明白了妻子的意思,他觉得自己亏欠妻子的实在是太多了,妻子想要一个钻戒并不是什么无理的要求。

于是,在生日那天,这位太太得到了她的生日礼物——一枚钻戒。

干什么都有技巧,说话也一样,同一件事情,用不同的说话方式,结果有天壤之别。第一位妻子就明显不会说话,她从一开始就否定了以前的生日礼物，伤了丈夫的心。接着她又用别人丈夫送钻戒的事，伤了丈夫的自尊。最后，她居然否定了他们之间长达五年的夫妻感情，结果引发了一场无益的争吵。第二位妻子则堪称沟通的大师，她虽然想要钻戒，却反着来，先说不要礼物，最后才说出自己的想法，既达到了自己的目的，又促进了夫妻之间的感情，这种"双赢的沟通"的哲学，实在值得我们好好学习一下。

2. 主动道歉的力量

会说话，可以助你掌握通达的做人智慧。说话没分寸、没艺术，即使是赞扬的话，别人也充耳不闻。说话有分寸、讲方法，即使是批评的话，别人也乐于接受。

凯勒常带着他的贵妇犬到公园中散步，按当地的规定，狗是要戴上口笼的。但凯勒认为它是一只无害的小犬，所以总是不给它系上皮带或口笼。

一天，凯勒在公园中遇到了管理人员。管理人员对凯勒说："你不给那狗戴上口笼，也不用皮带系上，你不知道这是违反规定的吗?"

"是的，我知道是违反规定的，"凯勒轻柔地回答说，"但我想它在这里不至于产生什么伤害。"

"法律可不管你怎么想。这次我可以放你过去，但如果我再在这里看见这狗不戴口笼，不系皮带，你就得去和法官讲话了。"凯勒谦逊地应允了管理人员的命令。

可没过几天，凯勒就把管理人员的告诫忘掉了。然而要命的是，凯勒和他没戴口笼和皮带的小狗再次遇到了那个管理人员。

这次，凯勒没等管理人员开口，先主动承认了错误："先生，你已当场把我抓住了，这一次，我再也没有任何借口了。你上星期警告我如果我再把没戴口笼的狗带到这里，你就要罚我。"

管理人员见凯勒这么说，口气就软了下来："其实我知道，这样一只小狗是不会伤人的。"

"不，但它也许会伤害松鼠。"凯勒说。

"哦，现在，我想你对这事太认真了，"管理人员说道，"我告诉你怎样办，你只要带它跑过那土丘，使我看不见它——这件事就让它过去吧。"

凯勒为了免于被责，主动服软，给足了管理人员面子，让这个管理人员觉得自己受到尊重，从而宽恕了凯勒的行为。由此可见，当我们在沟通中处于不利地位时，我们不妨也学学凯勒，跟对方服个软，甚至先数落自己一番，这样一来，就什么事情都好说了。

3. 李莲英妙语解围

会说话与不会说话的人给别人的感觉完全是不相同的，会说话的人会很受欢迎，不会说话的人则会令人生厌，会让人产生一种排斥感。会说话的人办起事来顺风顺水，甚至还会化险为夷。

大太监李莲英是慈禧太后身边的红人，而他讨巧的嘴巴则是他能够"长盛不衰"的关键。

慈禧酷爱京剧，常常召戏班子到紫禁城里来给自己演戏。唱得好了，慈禧总是以小恩小惠赏赐艺人一点东西。

一次，她看完京剧名家杨小楼的戏后，心情非常舒畅，于是把杨小楼召到跟前，指着满桌子的糕点说："这些赐给你，带回去吧！"

杨小楼叩头谢恩，但他不想要糕点，想要一些更具纪念意义的东西。看慈禧太后心情不错，便壮着胆子说："叩谢老佛爷，这些尊贵之物奴才不敢领，能不能另外赐给奴才点别的……"

"你想要什么？"慈禧心情高兴，并未发怒。

杨小楼又叩头说："老佛爷洪福齐天，奴才要是能求得老佛爷一幅墨宝，那可就是光宗耀祖的事了。"

慈禧听了，一时高兴，便让太监捧来笔墨纸砚。大笔一挥，就写了一个福字。

站在一旁的小王爷看了慈禧写的字，悄悄地说："福字是'示'字边，不是'衣'字边的呀！"

杨小楼一看，这字写错了，若拿回去必遭人议论，岂不是欺君之罪；不拿回去也不好，慈禧尴尬之下说不定当场就杀了自己泄愤。要也不是，不要也不是，他一时急得直冒冷汗。

气氛一下子紧张起来，慈禧太后也觉得很尴尬，既不想让杨小楼拿去错字，又不好意思再要过来。

旁边的李莲英脑子一动，笑呵呵地打圆场说："老佛爷之福，比世上任何人都要多出一'点'呀！"杨小楼一听，脑筋转过弯来，连忙叩首道："老佛爷福多，这万人之上之福，奴才怎么敢领呢！"

慈禧正为下不了台而发愁，听这么一说，急忙顺水推舟，笑着说："好吧，隔天再赐你吧！"就这样，李莲英一句妙语化解了当时的尴尬窘境，同时也救了杨小楼的命。

在人与人的沟通过程中，任何人都有可能说出不得体的话或是因一时紧张做出可笑的事情。在这种情况下，如果不及时补救的话，就会造成尴尬局面。这时，如果能巧妙运用随机应变、灵活变通的说话技巧，就可以轻松地摆脱窘境，将尴尬的场面一扫而空了。

4. 主公面前摔琴的乐师

良好的说话艺术有极为广阔的施展空间。在频繁的日常交往中，和风细雨，微言大义，情深意切，语重心长；在竞争的求职场上，机智灵活，侃侃而谈，要言不繁，言简意骇；在复杂的商务活动中，察言观色，实现双赢……左右逢源的说话艺术，让你一句话说得人帮，让你一句话说得人服。

魏文侯是春秋末期晋国魏氏宗主，战国初期魏国的开国之君，魏国百年霸业的建立者。公元前403年，魏斯、韩虔、赵籍受封为诸侯，三家分晋。在位期间，积极改革，励精图治，任贤用能，联合韩赵，攻略天下，使魏国成为战国前期最强盛的国家，中原的霸主。

一天，魏文侯心情不错，就命乐师弹琴，魏文侯亲自起舞、诵赋。魏文侯一副全心投入的样子，使在场的每一个人都为之感动。没想到自己的主公还有这样一手高超的诵赋本领，平日里主公在朝上很是威严，大家都有些害怕。今天见主公有如此闲情雅致，在场的大臣们也很兴奋。有的也不禁翩翩起舞。不会跳舞的就在旁边不住地点头，夸奖主公跳得好、诵得妙。

魏文侯看到大臣们这样欣赏自己的表演，就更加的高兴了。于是即兴做了一首赋，当他朗诵道："让我的话无一人敢违背"时，一个乐师突然停止鼓琴，抄起面前的琴不顾一切地向魏文侯砸去。刚刚还是一片君臣和谐共舞的融洽气氛，突然之间变故陡升，两旁的大臣们都吓傻了，幸亏魏文侯的侍卫眼疾手快，一把抢过乐师手中的琴，然后牢牢地把乐师按在地上。

魏文侯火冒三丈，本来自己今天心情很好，却被这个疯狂的乐师搞得一塌糊涂。魏文侯坐在桌旁，吹胡子瞪眼，喘着粗气，怒视着乐师。两旁大臣都替这个乐师提心吊胆，而那个被卫兵按在地上的乐师，却依然神态自若。

魏文侯看到乐师竟然如此淡定，心中更加气愤了。大喊："执法官来了没有？我要治这不知天高地厚的乐师的罪。"

执法官忙快步跑到魏文侯面前，弯腰鞠躬，说："主公，臣在，您有何吩咐？"

魏文侯说："按律，臣属殴打主公，该当何罪？"

执法官干脆地回答："禀主公，应判死罪。"

魏文侯喊道："听到没有，快把这混蛋乐师给我拉出去，斩首！斩首！斩首！"说完，甩袖就要走。乐师听到这，忙说："主公，臣有一言，请您听我说完，再让我去死吧。"

魏文侯不耐烦地说："快说，我一刻也不想再见到你，你说什么都难逃一死了！"

乐师说："过去，尧、舜是有名的贤君，他们治理国家，唯恐自己的话没人反驳。后来桀、纣为君主时，他们是有名的暴君，他们最怕的，就是有人反驳他们的话。臣观主公您今天所讲的话和讲话时的神态颇像桀、纣啊。我心中气愤，心想一定是他们的灵魂附到了您的身上，因此，我举琴就打。我是在打桀、纣的灵魂，让他们不要依附在您的身上，臣实在害怕一向圣明的主公变成桀、纣那样的暴君、昏君啊！"

魏文侯听了这番话，赶忙让侍卫放开这个乐师，起身离座向乐师深深地作了一个揖，感谢他提醒自己，否则，自己恐怕真的要成为一个昏君了。

魏文侯借跳舞、诵赋的机会表达自己的独裁思想，向众人呈现了其内心的真实愿望，这个愿望应该说是很危险的。乐师忠于魏文侯，不能眼睁睁地看着魏文侯成为昏君，但他毕竟只是一个乐师，如果以乐师的身份直言相劝，魏文侯肯定听不进去，说不定还会引来杀身之祸。于是乐师干脆铤而走险，用更委婉也更引人注目的方式提醒了魏文侯，不但保全了魏文侯的面子，更达到了劝谏的目的。人都是要面子的，无论到了什么时候，委婉的劝告都要比直白的训诫更能打动人心。

5. 纪晓岚妙语自救

未来社会要求人们不仅仅是一个只会"默默"耕耘的黄牛，还需要人们成为一个能说会道的百灵鸟。离开了口才，我们只能是事倍功半。因此，人们应该是能言善辩者，如果仍然笨嘴拙舌，那么你就很难立足于信息高度发达的社会。俗话说的好：舌绽春蕾赢天下。会说话，走遍世界都不怕。

很多人都知道纪晓岚的舌头非常了不得！天下人都知道他学识渊博，能言善辩，机智敏捷。乾隆皇帝自然也清楚。有一天，皇帝心里想，我要找一个机会试验试验他的机智。因此，他把纪晓岚找来，对纪晓岚说："纪晓岚！""臣在！""我问你：何为忠孝呀？"纪晓岚说："君叫臣死，臣不得不死，为忠；父叫子亡，子不得不亡，为孝。合起来，就叫忠孝。"纪晓岚刚回答完，乾隆皇帝就接过话来："好！朕赐你一死。"纪晓岚当时就愣了：怎么突然赐我一死？但是皇帝金口一开，绝无戏言。纪晓岚只好谢过皇上，三拜九叩，然后离开了大堂。但很快纪晓岚就回来了。纪晓岚说："皇上，臣是去死了，我刚要准备跳河自杀，屈原忽然从河里出来了，他非常生气地说，你小子不混蛋吗？想当年我投汨罗江自杀时，是因为楚怀王昏庸无道；现在当今皇上皇恩浩荡，贤明豁达，你是不能死的。我一听，就又回来了。"

在人生的各个场合，在什么情况下、对什么人、在什么时机说话，都要讲求艺术性。对方豪爽，就说直率的话；对方保守，就说稳妥的话；对方崇尚学问，就说高深的话。这是语言之道，也是处世之道。

Part3 "大直若屈，大巧若拙"——大智若愚

1. 寻找生活的商人

当你快乐时，你应该意识到这快乐并不是永恒的；当你痛苦时，你应该懂得这痛苦也不是永恒的。当你烦恼的时候，你应该询问自己究竟为何烦恼。只有避免自找麻烦，才能活得开心。

一位满脸愁容的生意人来到智慧老人的面前。

"先生，我急需您的帮助。虽然我很富有，但人人都对我横眉冷对。生活真像一场充满尔虞我诈的厮杀。"

"那你就停止厮杀呗。"老人回答他。

生意人对这样的告诫感到无所适从，他带着失望离开了老人。在接下来的几个月里，他情绪变得糟糕透了，与身边每一个人争吵斗殴，由此结下了不少冤家。一年以后，他变得心力交瘁，再也无力与人一争长短了。

"哎，先生，现在我不想跟人家斗了。但是，生活还是如此沉重——它真是一副重重的担子呀。""那你就把担子卸掉呗。"老人回答。

生意人对这样的回答很气愤，怒气冲冲地走了。在接下来的一年当中，他的生意遭遇了挫折，并最终丧失了所有的家产。妻子带着孩子离他而去，他变得一贫如洗，孤立无援，于是他再一次向这位老人讨教。

"先生，我现在已经两手空空，一无所有，生活里只剩下了悲伤。"

"那就不要悲伤呗。"生意人似乎已经预料到会有这样的回答，这一次他既没有失望也没有生气，而是选择待在老人居住的那座山的一个角落。

有一天他突然悲从中来，伤心地号啕大哭了起来——几天，几个星

期，乃至几个月地流泪。

最后，他的眼泪哭干了。他抬起头，早晨温煦的阳光正普照着大地。于是他又来到了老人哪里。

"先生，生活到底是什么呢?"

老人抬头看了看天，微笑着回答道："一觉醒来又是新的一天，你没看见那每日都照常升起的太阳吗?"

人生百态，生活百味，生活的好坏，这全在于我们怎么去看待它。当你在生活中遇到各种烦恼时，如果你摆脱不了它，那它就会如影随形地伴随在你左右，生活就成了一副重重的担子。放下烦恼和忧愁，"一觉醒来又是新的一天，太阳不是每日都照常升起吗?"生活其实可以如此简单。

2. 白衬衫黑木炭

每个人在不同的场合、不同的时段，心情都是不一样的，在日常生活中，每时每刻都会发生新的故事，人的烦恼也会随之而来，一旦积蓄太多的坏心情，就会影响到我们的情绪。因此，我们应该懂得适时清理心灵的垃圾，而不要任由它们随意支配。

10岁的卡塔放学以后气冲冲地回到家里，进门以后使劲地踩脚。他的父亲正在院子里干活，看到卡塔生气的样子，就把他叫了过来，想和他聊聊。

卡塔不情愿地走到父亲身边，气呼呼地说："爸爸，我现在非常生气。里奇以后甭想再得意了。"

卡塔的父亲一面干活，一面静静地听儿子诉说。卡塔说："里奇让我在朋友面前丢脸，我现在特别希望他遇上几件倒霉的事情。"

他父亲听后没说什么，径直走到墙角，找到一袋木炭，对卡塔说："儿子，你把前面挂在绳子上的那件白衬衫当作里奇，把这个塑料袋里的木炭当作你想象中的倒霉事情。你用木炭去砸白衬衫，每砸中一块，就象征着里奇遇到一件倒霉的事情。我们看看你把木炭砸完了以后，会是什么样子。"

卡塔觉得这个游戏很好玩，他拿起木炭就往衬衫上砸去。可是衬衫挂在比较远的绳子上，他把木炭扔完了，也没有几块扔到衬衫上。

父亲问卡塔："你现在觉得怎么样？"

他说："累死我了，但我很开心，因为我扔中了好几块木炭，白衬衫上有好几个黑印子了。"

父亲看到儿子没有明白他的用意，于是便让卡塔去照照镜子。卡塔在一面大镜子里看到自己满身都是黑炭，从脸上只能看到牙齿是白的。

父亲这时说道："你看，白衬衫并没有变得特别脏，而你自己却成了一'黑人'。你想让别人身上发生很多倒霉事情，结果最倒霉的事却落到自己身上了。有时候，我们的坏念头虽然在别人身上兑现了一部分，别人倒霉了，但是他们也同样在我们身上留下了难以消除的污迹。"

3. 孙膑诱敌深入胜庞涓

急于显露自己的能力，几乎是每一个新人的通病，也是人之常情。聪明人总是注意适当地隐藏自己的实力，而不是一上阵就表现得太过分。当你默默无闻的时候，你会因一点成绩一鸣惊人，这就是深藏不露的好处。

公元前341年，孙膑乘魏国军师庞涓带兵攻打韩国之时，悄悄带领齐国军队，成功地进入了魏国国界。

得到本国的告急文书，庞涓只好退兵赶回去。当魏国军队返回抵抗齐军时，却发现齐军已经撤退了。庞涓带兵追赶齐军，当他赶到齐军第一个扎营的地方，叫人数了数齐军扎营做饭的炉灶，足够十万人吃饭用的，庞涓吓得说不出话来。

庞涓继续带兵追赶齐军，当他赶到齐军第二个扎营的地方，数了数炉灶，只有能够供五万人用的了；当庞涓带兵追到齐国军队第三回扎营的地方时，又仔细数了数炉灶，只剩下两万人用的了。

这下，庞涓放心了，他笑着说："我早知道齐军都是胆小鬼，十万大军到了魏国，才三天工夫，就逃散了一大半。"他吩咐魏军没日没夜地按着齐国军队走过的路线追上去。

追到马陵时，天色逐渐地黑了下来，庞涓吩咐大军摸黑往前赶去。没过一会儿，前面的兵士回来报告说：前面的路已被人用木头堵住了。

庞涓上前一看，只见路旁的树木全被砍倒了，只留下一棵最大的没砍，隐约的看去，那棵树的一面还刮去了树皮，上面影影绰绰还写着几个大字。庞涓叫兵士拿来火把，借着火光看清了树上写的字："庞涓死于此树下。"

就在这时，不知道有多少支箭，像飞蝗似的冲魏军射来。一时间杀声震天，到处都是齐国的兵士。庞涓最终败在了孙膑的手下。

原来，这是孙膑设下的计策，他故意天天减少炉灶的数目，引诱庞涓追上来。而且预先在这里埋伏下了一批弓箭手，吩咐手下以火光为号，只要见到有人在大树底下点起火把就一齐放箭。

这真是一个令人拍手叫绝的计策。隐瞒自己的实际情况，让自己的实力看上去越来越弱，让敌人认为有可乘之机，然后不断地诱敌深入，逐渐进入自己的包围圈，最后看准时机，给敌人以致命的一击。

生活中很多事情都类似战场生存的道理，做人要懂得适当隐藏自己的实力。竞争无处不在，职场也好、商场也罢，尽量避免暴露自己的意图，让对方认为自己对他构不成威胁，这就是一种保护自己的手段。只有保护好了自己，才有可能不断地走向成功，否则，只会和成功背道而驰。

4. 毛遂韬光养晦

谷穗经过风吹雨打，得以颗粒饱满，却将头垂得很低；蛹蜕变成蝉，要经历漫长的黑暗与寂寞，才能吸汁吮露；花粉成蜜，蜜蜂要付出一个季节的辛勤酝酿，才有甘甜醇美的可口品尝；喷薄而出的岩浆，形成美丽的奇观，是经受了千年的挤压和撞击。人生需要内敛，需要等待时机。过早的张扬，只能使未绽放的花蕾迅速凋谢。锋芒太露的人就好似尖刀，伤害着身边的人。一个懂得韬光养晦的人会在恰当的时候适时地表现出能力与才能。

战国时期，秦国自恃强大，四处征战。有一次，秦国大军攻打赵国，赵国因为在长平遭到惨败后兵力不足，渐渐抵挡不住了。眼看赵国国都就要被秦军攻破，赵孝成王要相国平原君想办法向楚国求救。

平原君决定亲自去楚国谈判，争取联楚抗秦。出发之前，他打算从手下3000门客中挑选20个文武双全的人一起去楚国。挑来挑去，只挑中了19个人，最后一个人却怎么也挑选不出来。

正在这个时候，有一个坐在末位的门客自动站了起来，用坚定而自信的语气自我推荐说，"我来当这最后一个吧！"

看着这张陌生的面孔，平原君问道："先生，请问你叫什么名字？到我门下来有多长时间了？我怎么对你一点印象也没有？"

那个门客平静地说："我叫毛遂，来到主人门下已三年有余。"

平原君摇了摇头说："有才能的人就像一把锥子放在口袋里，它的尖儿很快就冒出来了。可是先生来到这儿已经3年了，我从来都没有听说过您这个人……"

毛遂解释说，那是因为自己平时不爱出风头，不争名夺利。平原君欣赏毛遂的胆量和口才，就决定让毛遂跟他一起去楚国。

来到楚国以后，平原君跟楚王的谈判进行的很艰苦，从早晨一直谈到中午，楚王说什么也不同意出兵抗秦。看着毫无进展的谈判，平原君不知道应该怎么办。

这时，站在台阶下的毛遂高声嚷道："合纵不合纵，三言两语就可以解决了，怎么从早晨说到现在，还没说完呢？"他一边说着，一边不慌不忙拿着宝剑上了台阶。

"我正跟你的主人商量国家大事，哪里轮到你来多嘴？还不赶快下去！"听见毛遂的话，楚王非常不高兴，他用手指着毛遂说道。

这时候，毛遂已经走到离楚王很近的地方了，他按着宝剑跨前一步说："你用不着仗势欺人，我现在可以随时取你性命！不过，在取你性命之前，你要先听我说几句话。"

楚王看着毛遂手中的宝剑，听他的语气是什么事都做得出来的，不得不缓和了口气："好吧，好吧。我倒看看您有什么高见，请说吧！"

接着，毛遂详细地分析了当时各国的情况，尤其分析了楚国当时的处境，合纵与否的优势与劣势也讲得非常明白。最后，楚王同意了合纵抗秦的事。回到赵国后，毛遂得到了平原君的重用，成就了一番事业。

虽然毛遂平时不露声色，在人前总是十分低调，从不表现自己的智慧，以至于主人平原君都对他毫无印象。但是到了关键的时候，毛遂却能施展自己的才干，力挽狂澜，好钢用在了刀刃上，从而让平原君印象深刻、铭记在心。

5. 调戏妃子的勇士

人们之间常常因为一些彼此无法释怀的坚持，而造成永远的伤害。如果我们都能从自己做起，开始宽容地看待他人，相信你一定能收到许多意想不到的结果，帮别人开启一扇窗，也就是让自己看到更完整的天空。

一次，楚庄王举行宴会，招待朝中的文臣武将，楚庄王让自己所宠爱的妃子给群臣和武士们斟酒、敬酒。

这时，突然一阵狂风把灯烛吹灭了，大厅里一片漆黑。黑暗中，不知是谁仗着酒劲用手拽住了妃子的衣袖，想轻薄妃子，但被妃子挣脱了。

妃子急中生智顺势扯断了那人头上的帽缨握在手里，然后来到楚庄王的身边，向他哭诉了被人调戏的经过，并说那个人的帽带被扯断了，只要点上灯看谁没有了帽缨就可以查出此人是谁，查出后一定要严厉惩罚。

楚庄王听后不以为然，他安慰了妃子几句，在黑暗中向大家高声说："今天喝酒一定要尽兴，所有的群臣和武将请摘下头上的帽缨。"

待到烛光重新点燃，朝堂上坐着的全是没有帽缨的人。妃子环视了一下，看不出来谁是刚刚调戏自己的那个人，便拂袖离去了。

三年后，楚国与晋国开战。楚军有一位勇士一马当先，总是冲在前头，一人便斩杀敌军五员大将。

楚庄王很奇怪，问他为什么如此拼命。勇士回答说："末将该死。三年前我在宴会上酒醉失礼。大王不但没有治我的罪，还为我掩盖过失，我只有奋勇杀敌才能报答大王。"

在这个故事，楚庄王听说有人调戏美妃，而且他的帽带被扯断，是可以查出谁犯了罪的。但楚庄王采取了"糊涂"的态度，因为他认为酒醉失礼是难免的，没有追究下属的过错，故意让大家都扯断冠缨。后来，楚庄王得到了应有的报偿，他的这种"糊涂"其实是一种富有远见的"精明"。

6. 最完美的树叶

完美主义是一种消极的认知情感模式，持有这种模式的人不是追求完美，而是害怕不完美，因而存在比较严重的"不完美焦虑"。这种焦虑指向自己，容易产生强迫性神经症；指向他人，则往往使人际关系紧张。而且，在人的一生中，取得最佳成就往往可能只有一次，如果把它作为普遍的标准，要求每一次都完美是不可能的。

在一个深山寺院里，住着一位德高望重的高僧，他门下有一百多个弟子，其中有两个他非常得意的弟子，这两个弟子都是脑子灵、悟性高。

年老体衰的高僧预感到自己将不久于人世，他决定出题考考这两个徒弟，然后从这两人中选一个作为自己的衣钵传人。

高僧对这两个弟子说，"我给你们一个月的时间，你们出去给我捡一片世界上最完美的树叶，谁找到了谁就是我的传人。"

听到师父的题目，两个弟子领命而去，各自奔走。

一个月后，大弟子先回来了，他递给师父一片非常普通的树叶，这片叶子看上去没有什么特别的地方，完美也就更谈不上了，"师父，这片树叶虽然并不完美，但是它已经是我看到最完美的树叶了。"

没过多长时间，第二个弟子空手而归，他非常沮丧地对师父说："我按照您的要求去找叶子了，我走过了很多地方，看过很多很多的树叶，这片叶子这里好看，而那片叶子又那里好看，但是怎么也挑不出一片最完美的树叶。"

最后，高僧任命大弟子做自己的衣钵传人。

众弟子不解，高僧解释道："大弟子的过人之处就是他知道世界上没有完美的树叶，他的大彻大悟让他明白了该糊涂时就要糊涂，不能一味地较真，所以就找了一片普通的树叶回来交差；而二弟子没有理解题目真正的含义，他为了追求完美，跋山涉水地去寻找那完美的叶子，结果却是空手而归。"

接着，高僧意味深长地说："世界上本来就没有绝对的完美，如果能够达到那么完美，哪里还有喜怒哀乐，哪里还有生态万千？我们每天的修行也就没有意义了。修行的目的就是为了去除心中的杂念，让自己的心境尽量的达到完美。"

其实，人生是不完美的，这就是事物本来的样子。有时候对于不可能达到的目标，我们完全可以糊涂一下，退而求其次。只要我们能够接受，我们的人生就会变得相对"完美"，那些人生中不可避免的瑕疵，也会在难得糊涂中变得不那么难以忍受。

Part4 "上善若水，厚德载物"——无欲则刚

1. 一袋金币的赌注

一个人所拥有的和他想得到的之间的差距越小，这个人就越快乐。世界上最大的痛苦就是求而不得，求而不得就是人的欲望无限制地膨胀的结果。

在法国的乡下，住着一对老夫妇，他们老来无子，日子过得很清贫。有一天，他们想把家中唯一值点钱的一匹马拉到市场上去换点更有用的东西，因为他们再也干不动力气活了，要马也没有用。

于是，老头子牵着马去赶集了。老头子先用马与人换得一头母牛，又用母牛去换了一只羊，再用羊换来一只肥鹅，又把鹅换了母鸡，最后用母鸡换了别人的一大袋烂苹果。老头子为什么要这么换呢？因为在每次交换的时候，他都想要拿换来的东西给自己的老伴一个惊喜。

当老头子扛着那一大袋子烂苹果来到一家小酒店歇息时，遇上两个英国人。闲聊中老头子谈了自己赶集的经过。

两个英国人听后，哈哈大笑，说："你可真是个傻老头，你老糊涂了吧！你这么换，回去以后准得挨老婆子一顿揍。"

老头子坚称绝对不会，英国人就用一袋金币打赌。于是，两个英国人

跟着老头子一起回到了家中。老太婆见老头子回来了，非常高兴，她兴奋地听着老头子讲赶集的经过。每听老头子讲到用一种东西换了另一种东西时，她的神情中都充满了对老头子的钦佩。

她嘴里不时地说着："哦，我们有牛奶喝了！"

"羊奶也不错。"

"哦，鹅毛真漂亮呀！"

"啊，这回我们有鸡蛋吃了！我早就想吃鸡蛋了！"

最后，听到老头子背回一袋已经开始腐烂的苹果时，老婆子同样没有发怒，而是亲了老头子一下，大声说："我们今晚就可以吃到香甜的苹果馅饼了！"

结果，这两个瞠目结舌的英国人输掉了整整一袋金币。

我们在生活中也经常会失去某种东西，这时如果能像故事中的老太婆那样用豁达的心态去看待，那么，生活中的烦恼就会少之又少。正如一位哲人说的那样"聪明的人永远不会坐在那里为他们的损失而悲伤，却会很高兴地找出办法弥补他们的创伤"。一味地惋惜、抱怨，既换不回失去的东西，又伤自己的身心。乐于接受已经发生的事，是一种生活的智慧。

2. 富翁的遗愿

一个人的心态，决定他是否快乐。保持一种平和的心态，是为人快乐之本。人有所欲，但这种欲不能左右于人，人的一生就是在得失、输赢之间。但人往往是越是得不到的东西，越想疯狂地去追求。已经拥有的东西却不知道去珍惜。

有一位富翁，他具有非凡的商业智慧，但是天妒英才，他还没到40岁，就患了绝症，眼看就要死去了。临终前，富翁望见窗外的广场上有一群孩子在捉蜻蜓，于是就对他还不到10岁的4个儿子说，你们到那儿去给我捉几只蜻蜓来吧，我许多年没见过蜻蜓了。

不一会儿，大儿子就带了一只蜻蜓回来。富翁问，怎么这么快就捉了一只？大儿子说，我知道您急着要，于是就做了一桩亏本买卖，用你送给我的遥控赛车换了一只蜻蜓回来。富翁点点头。

又过了一会儿，二儿子也回来了，他带来两只蜻蜓。富翁问，你怎么这么快就捉了两只蜻蜓回来？二儿子说，我把你送给我的遥控赛车卖给了广场上的一个小孩，他给我3分钱，这两只是我用2分钱向另一位有蜻蜓的小朋友买来的。他只有两只蜻蜓，我还剩下一分钱呢！富翁微笑着点点头。

不久老三也回来了，他带来10只蜻蜓。富翁问，你怎么捉那么多的蜻蜓？三儿子说，我把你送给我的遥控赛车在广场上举起来，问，谁愿玩赛车，愿玩的只需交一只蜻蜓就可以了。爸，要不是怕你着急，他们捉到的那20多只蜻蜓就全是你的了！富翁拍了拍三儿子的头。

最后回来的是还不到6岁的老四。他满头大汗，两手空空，衣服上沾满了尘土。富翁问，孩子，你怎么搞的？小儿子说，我捉了半天，也没捉到一只，就在地上玩赛车，要不是见哥哥们都回来了，说不定我的赛车能撞上一只蜻蜓呢！富翁笑了，笑得满眼是泪，他摸着小儿子挂满汗珠的脸蛋，把他搂在了怀里。

第二天，富翁死了，他的孩子们在床头发现一张小纸条，上面写着：孩子，我并不需要蜻蜓，我需要的是你们捉蜻蜓的乐趣，我这辈子拼命工作，赚了很多钱，可以买无数的东西，但最令我遗憾的，就是临到死了，也没过过几天快乐的日子啊！

人生以快乐为目的，生活里没有快乐，就变得黯淡无光了。人人都希望每天能够拥有一份好心情，但烦恼和忧虑等常常破坏我们的心情。许多人已被沉重的压力和繁忙的事务剥夺了快乐的权利，钱当然可以买到蜻蜓，但买不到的是捉蜻蜓的乐趣。生命的乐趣在于过程。

3. 随"风"而生的草坪

常言道："不如意之事十有八九。"没有谁的生活永远都是风平浪静的。生活中的许多事不是个人力量所能左右，在人心叵测，纷繁嘈杂的社会中，唯一能使我们不觉其拂逆而使得心情轻松的办法，那就是自己要懂得"随遇而安"。

炎炎夏日，毒辣的日头把禅院前的草都晒得枯黄了。

"快撒点草籽吧！这样下去好好的草坪就会光秃一片了！"小和尚催促自己的师父道。

"等天凉了。"师父挥挥手说，"随时！"

一晃到了秋分时节，师父买了一包草籽，叫小和尚去播种。秋风起，草籽边撒边飘。

"不好了！好多种子都被吹飞了。"小和尚慌忙说道。

"不要紧，只有那些空的，不能发芽的草籽才会被吹走。"师父说，"随性！"

撒完种子，跟着就飞来几只小鸟啄食。

"糟透了！种子都被鸟吃了！"小和尚急得直跳脚。

"没关系！种子多，吃不完！"师父说，"随遇！"

半夜一阵骤雨，小和尚气急败坏地冲进师父的禅房："师父！这下全完了！好多草籽被雨冲走了！"

"冲到哪儿，就在哪儿发芽！"师父说，"随缘！"

半个月过去了，禅院前原本光秃的地面，居然长出许多青翠的草苗。一些原来没播种的角落，也泛出了绿意。

小和尚高兴得直拍手。师父点头："随喜！"

心无杂念，随遇而安，这是禅宗的境界。在新的时代，作为新生代的青少年必定要有所追求，但我们还要学得现实些，尽情欣赏和享受自己所拥有的一切，而不是去做好高骛远、不切实际的追求。把心态放得平和些，才能真正感受到生活中的多姿多彩。

4. "解"气的妇人

生气是无法解决生活中出现的烦恼琐事的，反而让你在人生的道路上留下更多的伤痕，懂得换一个角度换一种心态去考虑问题，一切就不再是你曾经认为的阴云密布。

古时候有一位妇人，经常为一些琐碎的小事发脾气。时间一长自己也感觉到身心疲惫，而且身边人都在慢慢地疏远她，于是她便去求一位高僧为自己指点迷津，向高僧请教一些生活的真谛。

高僧听了她的讲述，径直把她领到一间禅房中，转身出门，将妇人锁在了禅房里。不管妇人怎么敲打，高僧就是不肯开门，于是妇人气得跳脚大骂。可是无论她怎么骂，高僧只是坐在门口念经。妇人无奈，只得向高僧哀求，但高僧仍置若罔闻。

后来，妇人终于沉默了。高僧便站起来问她："你还生气吗？"

妇人答："我不敢埋怨大师，只因为我自己生气，我怎么会傻到来这种地方受这份罪。"

高僧一声断喝："连自己都不原谅的人怎么能心如止水？"说罢，高僧拂袖而去。

顷刻过后，高僧又返回来问她："还生气吗？"

"不生气了。"妇人答。

"为什么？"

"我能有什么办法呢。"妇人有气无力地说道。"你的气还压在心里，并未消逝，爆发时将会更加剧烈。"高僧又扬长而去。

高僧第三次来到门前，妇人告诉他："我不生气了，因为不值得气。"

"还知道值不值得，可见心中还在考量，还是有气根。"高僧笑答。

当高僧的身影迎着夕阳立在门外时，妇人问高僧："大师，什么是气？"高僧将杯中的茶水倾洒于地。妇人凝视许久，顿时开悟。叩谢而去。

身心疲惫的时候要懂得放下一些东西，溪流放弃平坦，是为了回归大海的豪迈；落叶放弃树干，是为了期待春天的葱茏。蜡烛放弃自己的躯体，才能给予世间光明；心灵放弃尘世的喧嚣，才能获得一片宁静。

第四章
广泛交友，方能披荆斩棘
——"男子汉"聚力篇

你是谁并不重要，重要的是你和谁在一起。在现实生活中，和谁在一起的确很重要，甚至能改变你的成长轨迹，决定你的人生成败。积极的人像太阳，照到哪里哪里亮。消极的人像月亮，初一十五不一样。态度决定一切。有什么态度就有什么样的未来：性格决定命运，有什么样的性格，就有什么样的人生。生活中最不幸的是由于你身边缺少积极进取的人，缺少远见卓识的人，使你的人生变得平庸，黯然失色。

Part1 "海内存知己，天涯若比邻"——重视朋友

1. 狗熊的告诫

患难见真情，不是真心的人见你有难了很容易就消失，你结交的朋友不一定是真心的朋友，里面肯定不乏一些酒肉朋友，换句话说就是你们可以一起享福，但一旦你遇到了困境，他就会弃你而去，而真正的朋友则是在你最需要帮助的时候帮助你，陪你渡过难关，这就是共患难、共荣辱的真心朋友。

有一天，两个朋友动身去外地办事。为了不耽搁时间他们决定走近路，穿越一座茂密的大森林，然后便可直抵目的地。

两个朋友一边走，一边兴致勃勃地聊着天，商量今后如何合伙做生意。

突然，有一头狗熊迎面向他们冲来。其中一个人立即撇下自己的朋友，飞快地跑向最近的一棵大树，然后迅速地爬上去，隐藏在浓密的树叶里。另一个人眼看着自己已来不及逃走，只得躺倒在地装死。

狗熊跑了过来，低头嗅着他。他极力屏住呼吸，一动也不动，因为他曾听人说过，狗熊是不吃死人的。

果然如此，狗熊在嗅了嗅他的脸，又闻了闻他的耳朵后，号叫一声，就慢慢地离开了，不一会儿便消失在森林里。

这时，他的朋友从树上滑了下来，走到他身旁，问："那头狗熊趴在你耳边，对你说了什么？"

"它叮嘱我：遇见危险自己逃的，不是真朋友。患难见真情啊！"他回

答说。

生活中的每个人都会有很多朋友，这些朋友包括酒肉朋友和真心朋友，平日喝酒聚会之时，使我们很难对朋友进行区分，只有在我们身处困境之时，才会显露出朋友的真正面目。

2. 被困的三组松鼠

"一个篱笆三个桩，一个好汉三个帮"。是说人生活在这个繁纷复杂的世界上，会遇到很多意想不到的事情，仅靠自己一个人的力量是不行的，"众人拾柴火焰高"，如果总是一个人孤立在一边，与谁都不联系，大家就不懂你在想什么，不知道你需要什么，一旦有事就不知道该怎样帮助你，你也在给大家出难题呢。只有融入集体，多交朋友，才可以一起面对困难，朋友的力量是无穷的。

科学家曾经做过这样一个实验：把六只小松鼠分别关在三个房间里，每个房间两只，房间里分别放有可口的食物。但在每个房间里，食物摆放的高度和位置都不一样。

第一间房子里的食物依次按照从低到高的顺序，悬挂在房间不同高度的位置上。第二间房子的食物放在了地板上。第三间房子的食物则挂在了房顶上。

一周过后，科研人员发现，第二间房子里的两只小松鼠一死一伤，第三间房子里的两只小松鼠全都死了，只有第一间房子里的小松鼠和刚放进去那会儿一样，活蹦乱跳的。

科学家得出结论，由于第二间房子的两只小松鼠一进房间看到了地上的食物，相互之间就开始大打出手，争抢地上的食物，最终落得一死一伤的惨剧；第三间房子里的两只小松鼠，由于悬挂在房顶的食物过高，最终它们被活活地饿死了；但第一间房子里的两只小松鼠先是各凭本领获得食物，于是，一只小松鼠托起另一只小松鼠跳跃取食，这样两只松鼠都能吃到食物，所以它们活了下来。

成功者之所以会成功，除了环境、努力、才华和机遇等等因素外，更多是他们善于交友，懂得借助朋友的力量。只要一个人具有良好的人际关系，就相当于《西游记》里孙猴子的三根救命毫毛，在你无计可施之时，总会有一股力量帮你化解困难险阻。

3. "管鲍"生死之交

大千世界，芸芸众生，能够在茫茫人海中成为朋友的人是幸运的，是一种难得的缘分。在人来人往，聚散分离的人生旅途中，在各自不同的生命轨迹上，在不同经历的心海中，能够彼此相遇、相聚、相逢，可以说是一种幸运。缘分不是时刻都会有的，应该珍惜得来不易的缘分。

春秋时期的政治家管仲和鲍叔牙是好朋友。管仲比较穷，鲍叔牙比较富有，但是他们之间彼此了解、相互信任。管仲和鲍叔牙早年合伙做生意，管仲出很少的本钱，分红的时候却拿很多钱。鲍叔牙毫不计较，他知道管仲的家庭负担大，还问管仲："这些钱够不够？"有好几次，管仲帮鲍叔牙出主意办事，反而把事情办砸了，鲍叔牙也不生气，还安慰管仲，说："事情办不成，不是因为你的主意不好，而是因为时机不对，你别介意。"管仲曾经做了三次官，但是每次都被罢免，鲍叔牙认为不是管仲没有才能，而是因为管仲没有碰到赏识他的人。管仲参军作战，临阵却逃跑了，鲍叔牙也没有嘲笑管仲怕死，他知道管仲是因为牵挂家里年老的母亲。

后来，管仲和鲍叔牙都从政了。当时齐国朝政很乱，公子们为了避祸，纷纷逃到别的国家等待机会。管仲辅佐在鲁国居住的公子纠，而鲍叔牙则在莒国侍奉另一个齐国公子小白。不久，齐国发生暴乱，国王被杀死，国家没有了君主。公子纠和小白听到消息，急忙动身往齐国赶，想抢夺王位。两支队伍正好在路上相遇，管仲为了让公子纠当上国王，就向小白射了一箭，谁知正好射到小白腰带上的挂钩，没有伤到小白。后来，小白当上了国王，历史上称为"齐桓公"。

齐桓公一当上国王，就胁迫鲁国把公子纠杀死，把管仲囚禁起来。齐桓公想让鲍叔牙当丞相，帮助他治理国家。鲍叔牙却认为自己没有当丞相的能力。他极力举荐被囚禁在鲁国的管仲。鲍叔牙说："治理国家，我不如管仲。管仲宽厚仁慈，忠实诚信，能制定规范的国家制度，还善于指挥军队。这都是我不具备的，所以陛下要想治理好国家，就只能请管仲当丞相。"开始齐桓公因为管仲的一箭之仇不同意鲍叔牙的荐举，最终鲍叔牙说服了齐桓公，将管仲接回齐国。

管仲回到齐国，当了丞相，而鲍叔牙却甘心做管仲的助手。在管仲和鲍叔牙的合力治理下，齐国成为诸侯国中最强大的国家，齐桓公成为诸侯王中的霸主。

鲍叔牙死后，管仲在他的墓前大哭不止，想起鲍叔牙对他的理解和支持，他感叹说："当初，我辅佐的公子纠失败了，别的大臣都以死效忠，我却甘愿被囚困，鲍叔牙没有耻笑我没有气节，他知道我是为了图谋大业而不在乎一时之间的名声。生养我的是父母，但是真正了解我的是鲍叔牙啊！"

朋友相处是一种相互认可、相互仰慕、相互欣赏、相互感知的过程。对方的优点、长处、亮点、美德都会映在你脑海，尽收眼底。哪怕是朋友一点点的可贵，也会成为你向上的能量，成为你终身受益的动力和源泉。

4. 伟大的友谊

朋友就是彼此有交情的人，彼此要好的人。友情是一种最纯洁、最高尚、最朴素、最平凡的感情；也是最浪漫、最动人、最坚实、最永恒的情感。人人都离不开友情。你可以没有爱情，但是你绝不能没有友情。一旦没有了友情，生活就不会有悦耳的和音，就如死水一潭。友情无处不在，它伴随你左右，萦绕在你身边，和你共度一生。

马克思于1818年5月5日诞生于普鲁士莱茵省特里尔城一个律师的家里，青年的马克思就有着改造社会的强烈愿望并付诸行动，因而他受到反动政府的迫害，长期流亡在外。

1844年，马克思在巴黎认识了恩格斯，共同的信仰使彼此把对方看得比自己都重要，马克思长期的流亡，生活很苦，常常靠典当维生，有时竟然连买邮票的钱都没有，但他仍然顽强地进行他的研究工作和革命活动。恩格斯为了维持马克思的生活，他宁愿经营自己十分厌恶的商业，把挣来的钱源源不断地寄给马克思，他不但在经济上帮助马克思，在事业上，他们更是互相关怀、互相帮助，亲密地合作。

他们同住伦敦时，每天下午，恩格斯总到马克思家里去，一连几个钟头，讨论各种问题；分开后，几乎每天通信，彼此交换对政治事件的意见和研究工作的成果。他们之间的关怀还表现在时时刻刻设法给予对方以帮助，都为对方在事业上的成就感到骄傲。

马克思答应给一家英文报纸写通讯稿时，还没有精通英文，恩格斯就帮他翻译，必要时甚至代他写。恩格斯从事著述的时候，马克思也往往放下自己的工作，编写其中的某些部分。马克思和恩格斯合作了40年，建立起了伟大的友谊，共同创造了伟大的马克思主义。

正如列宁所说的"古老的传说中有各种各样非常动人的友谊故事，后

140

来的欧洲无产阶级可以说，它的科学是由两位学者和战友创造的。他们的关系超过了古人关于人类友谊的一切最动人的传说。"

朋友就是彼此一种心灵的感应，是一种心照不宣的感悟。你的举手投足，一颦一笑，一言一行，哪怕是一个眼神、一个动作、一个背影、一个回眸，朋友都能心领神会。不需要彼此的解释、不需要多言、不需要废话、不需要张扬，都会心心相印的。那是一种最温柔、最惬意、最畅快、最美好的意境。

Part2 "人有绝交，才有至交"——合理交友

1. 蜗牛的"表妹"

对于一个国家，亲贤臣、远小人是很重要的，这样的话，国家就会蒸蒸日上，国力强盛，国泰民安，君主也就成为有为的明君。交友同样如此，我们要亲君子、远小人，君子围满我们的身边，小人远离我们，只有这样，我们的路才能越走越宽广，我们才会越来越幸福、快乐。交友要审慎，要结交君子。

一天早上，蜗牛竖着一对触角，背着硬壳，在一株樱桃树上趾高气扬地爬行着。当蜗牛经过一只蛹的身旁时，蛹热情地跟它打招呼说："早上好！表兄！"

蜗牛听了蛹的问候，没好气地大声问："喂，你长得那么丑，怎么好意思叫我表兄呢？我们什么时候成亲戚啦！你怎么能跟我相提并论呢？"蜗牛显得很傲慢，"我有房子，你有吗？"

说罢，蜗牛瞧也不瞧蛹一眼，旁若无人地往前爬去。

几天以后，那只蛹蜕变成了一只长着五彩翅膀的蝴蝶。

蜗牛见到蝴蝶，想起了那只蛹。它等着蝴蝶主动问候，但蝴蝶在花丛中飞来飞去，却装作没看见蜗牛。最后，蜗牛实在忍不住了，先开口同蝴蝶打招呼说："漂亮的表妹，你在忙什么呢？怎么对你的表兄不理也不睬。"

"哦，蜗牛先生，我什么时候又成了你的表妹了呀？"蝴蝶冷淡地说，"想当初，当我还是蛹的时候，你不是瞧不起我，不愿意与我为伍吗？现在我能飞了，有自己的事情和伙伴们了！"

故事中的那只蜗牛，就是典型的势利小人，在生活中，我们要对这类人提高警惕，尽量与他们保持距离，因为他们很容易背叛朋友，因为一点点的蝇头小利就会出卖你。当然，遇到这样的人，我们只是敬而远之就好了，千万不可与他们为敌，这种人做事不择手段，惹上这样的冤家对头是很难缠的。

2. 友情犹如刺猬取暖

距离是一种美，也是一种保护。感情容易滋养人心，也会轻易地伤害人心，不管是血浓于水的亲情，还是海誓山盟的爱情，都可能在不经意间刺痛对方。留出距离就是给彼此的感情腾出一个足以盛放的空间。"有朋自远方来，不亦乐乎"。远方的距离承载了更多的向往和更多的牵挂，距离换取的是更多的珍惜而不是摩擦。

住在西坡上的小山羊和住在东坡上的小黄牛是一对非常亲密的好朋友。由于两家住得远，所以它们每次见面，都要送给对方一些好吃的，每次见面，山羊和黄牛之间好像总有讲不完的知心话。

后来，山羊和黄牛长大了，离开了自己的家，于是它们干脆住到了一起，每天一起吃草，一起去河边玩耍。然而出人意料的是，随着时间的推移这对住到了一起的好朋友之间却开始慢慢地疏远了，甚至开始互相挑剔起对方的毛病来。终于，在一次口角之后，两个好朋友动起手来。

"唉，你们这是怎么了？不住在一起时，总是朝思暮想；现在倒好，距离近了，却几乎成了陌生人了！真是搞不懂你们俩！"它们的邻居大黄狗叹息道。

曾听说过一个刺猬取暖的故事。有一群刺猬，大家挤在一起取暖过冬。它们老是不知道大家应该保持一种什么样的距离才最好，离得稍微远些，互相借不着热气，于是就往一起凑凑；一旦凑近了，尖利的刺就彼此扎着身体了，就又开始疏离；离得远了，大家又觉得寒冷……经过很多次磨合以后，刺猬们才终于找到了一个最恰如其分的距离，那就是在彼此不伤害的前提下，保持着群体的温暖。

朋友间相处，也需要有一些空间，太过亲近，不小心忘了分寸，口无遮拦，会造成彼此间关系的紧张。另外，大家来自不同的环境，接受过不同的教育，时间一长，即使再亲近的朋友，也难免会出现矛盾。感情往往是最脆弱的。太过疏远难免淡漠，太过亲密难免疲惫，只有保持适中的距离，才能保持和谐。

3. 千两黄金买"邻居"

滤友就是净化自己的朋友圈子。多和正直的、品德高尚的人交朋友，对于居心不良、挖空心思套近乎的人，要时时警醒，敢于拒绝，不怕得罪人。在平时要少一些应酬，多一些学习，不断提高自己的综合素质，做一名积极进取、廉洁自律的人。

据《南史》记载，南朝时期，有个叫吕僧珍的人，生性诚恳老实，又是饱学之士，待人忠实厚道，从不跟人家耍心眼，因此人缘极好。吕僧珍的家教极严，他对每一个晚辈都耐心教导，严格要求，注意监督，所以形成了优良的家风，家庭中的每一个成员都待人和气、品行端正，甚至连赶车的马夫和看门的小厮都不例外。在当时，全国都知道吕僧珍全家都是正人君子。

南康郡守季雅是个正直的人，他为官清廉，刚正不阿，尤其看不惯官场中人那套吹牛拍马、尔虞我诈的嘴脸。为此他得罪了很多人，就连很多朝中高官都视他为眼中钉、肉中刺，总想除去这块心病。在那些贪官污吏的联手迫害下，季雅被革了职。

季雅被罢官以后，对于功名利禄已经是心灰意冷，他决定去做一个富家翁，再也不想涉足官场了。但是，既然被罢了官，也就不能继续住在官邸里面了，搬到哪里去住好呢？季雅不愿随随便便地找个地方住下，他颇费了一番心思，四处打听，看哪里的住所最符合他的心愿。很快，他想到了吕僧珍是一个真正的正人君子，一定能成为自己的好邻居、好朋友。

于是他每日都去吕僧珍家附近转悠，发现吕家子弟个个温文尔雅、知书达理，果然名不虚传。说来也巧，吕家隔壁的人家要搬到别的地方去，打算把房子卖掉。季雅赶快去找这家要卖房子的主人，愿意出重金的高价买房，那家人很是满意，二话没说就答应了。

季雅住下来之后，吕僧珍过来拜访这位新邻居。两人寒暄一番，谈了一会儿话，吕僧珍问季雅："先生买这幢宅院，花了多少钱呢？"

季雅据实回答："一千一百两金。"吕僧珍很吃惊："据我所知，这处宅院已不算新了，也不很大，根本不值那么高的价啊！"季雅笑了，回答说："我这钱里面，一百两金是用来买宅院的，一千金是用来买您这位道德高尚、治家严谨的好邻居的！"

20世纪著名的心理学家埃里希·弗罗姆说："不管在你的现实生活中，还是想象中，那些与你经常在一起的人会对你的行为和心理产生极大的影响。"季雅虽然不懂心理学，但饱读诗书的他却也懂得找一个好邻居做朋友，对自己、对自己的家人有多么重大的意义。因此，我们在与人交往的过程中要选择那些心态健康、积极向上的人做朋友，而不是根据自己的意愿和习惯随意选择。

4. 命丧熊口的麻六

孔子说：己所不欲，勿施于人。是想告诉我们在用一种态度对待他人的时候，先放在自己身上想想，如果自己不能接受那就不要施加给别人。他是想告诉我们用对待自己的方式对待别人，不要把别人的感受不当感受。同样的道理，我想说，能用来对待别人的态度也应该用来对待自己，不要把自己的感受不当感受。

王五和麻六一同去集市赶集。

当他们来到河边，一只螃蟹爬过来说："让我跟你们一同去吧，我想看看人类的集市是什么样子，我不会给你们添麻烦的，我走路很快。如果你们遇到什么麻烦，我还可以帮助你们。"

"去去去！我可从来没见过横着走路的家伙。快离我远点吧，你会给我丢人的！再说，就算我们真的遇上了麻烦，你又能帮得上什么忙？"麻六不耐烦地说。

王五却不像麻六那样，他说："你的模样是世界上独一无二的，我很乐意带着你，你跟我走吧，朋友。"螃蟹高兴地跟在王五后面。

当他们来到山脚下，一只跛腿的狐狸跑过来说："请带上我吧，我想去看看人类的集市是什么样的，我虽然腿瘸了，但我保证能跟上你们的脚步。而且我说不定能帮上你们什么忙。"

"离我们远点，瞧你那模样，又跛又骚，熏死我了，快走开。"麻六掩着鼻子对狐狸怒喝道。

王五却对狐狸说："你的模样是世界上独一无二的，我很高兴带着你，你跟我走吧，朋友。"跛腿狐狸感激地跟在王五后面。

当他们来到一座农场，一根稻草绳跑过来说："让我跟你们走吧。我想去看看人类的集市是什么样子，我不会连累你们的，我走路很快。"

"去去去，看你那模样，瘦骨嶙峋的，还拖着一条长长的尾巴，你肯定是被人抛弃在这里的，还是离我远远的吧，不然，我一把火烧了你。"麻六厌恶地对稻草绳说。

可王五却说："你的模样是世界上独一无二的，你跟我走吧，我很乐意带你去参观人类们的集市。"稻草绳感激万分，它紧紧地跟在王五的后面。

麻六和王五穿过一片树林时，突然，从路边冲出来一只熊，熊说："我已经饿了好几天了，我就知道今天有人会送上门来！"说完张开大口，扑向麻六，一口咬断了他的脖子。

待熊扑向王五时，跛腿狐狸连忙放了一个臭屁，熏得那只熊头晕脑涨，正晃悠间，稻草绳上前紧紧地捆住了它，螃蟹上前夹断了它的舌头，夹瞎了它的双眼，夹断了它的喉咙。王五上前剥了熊皮，然后扛着熊皮，带着他的三个朋友，回家去了。

朋友没有贵贱之分，无论对方的地位是尊贵还是卑微，我们都不应戴着有色眼镜去看他们，而应该一视同仁。真诚地对待他们，并给予力所能及的帮助。要知道在遇到困难时，那些看似卑微的朋友，往往成了我们最大的救星。

5. 青蛙的"失误"

俗话说：春风满面皆朋友，人生难得相知心。我们常说的交友要交心，就是要坦诚相待，才会有真心实意的回报，抱着猜忌的戒心去交友，以自己狭隘认为别人也狭隘的心境去交友，就很难交到真心的朋友。

夏天来临的时候，蝌蚪的尾巴逐渐消失，变成了青蛙。虽然可以到地上去了，但青蛙却不知足，它羡慕天上的飞鸟，希望有朝一日自己也能在天空中翔翔。于是，青蛙向它的邻居癞蛤蟆请教上天的办法。

癞蛤蟆说："你要想上天，办法只有一个：巴结天上的仙鸟——天鹅或者凤凰，让它们助你一臂之力。"青蛙牢牢记住这句话，只是苦于自己所在的水塘实在是太小了，一直没有仙鸟肯降临在这里。

这天，青蛙突然发现一只天鹅落到池塘边，这可把青蛙乐坏了，多年的心愿终于有可能变成现实了。于是，青蛙连忙提上早已准备好的小虾小鱼，上前搭话。

"一点薄礼，不成敬意，还望……"青蛙有求于天鹅，于是摆出一副谄媚的神态，就像臣民见了皇帝。天鹅大受感动："难得你一片好心，自打我受伤以来，你还是第一个来看我的哩。"

"受伤？"青蛙抬眼看去，这才发现天鹅一只翅膀耷拉着，鲜红的血把羽毛都浸透了。青蛙心里一凉，觉得自己真倒霉。心情一变，说话的神态和语气也发生了变化。青蛙对着受伤的天鹅鄙夷地说："看望你？孝敬你？我图个啥哟！"说完，它带上自己的礼品，三蹦两跳不见了。

青蛙回去后，越想越窝囊，过了几天，它又来到天鹅跟前，打算奚落它几句，以泄心头之气。哪料还未开口，只见天鹅展开翅膀，凌空飞去了。青蛙后悔莫及，不住地埋怨自己："我真糊涂！我真糊涂！怎么没想到它还有再上青云的这一天哩！"

有求于人就一脸谄媚，看到别人落难就将其一脚踢开，真是一只势利的青蛙啊！人与人之间，只有真诚相待，才是真正的朋友。谁要是眼里只有自己，只有自己的利益，把朋友当成自己的工具的话，他这一辈子都不可能交到一个真正的朋友！

Part3 "账要短结，人要长交" ——经营友情

1. 寻死的灰狼

对待朋友一定要忠诚，无话不说，无事不谈，没有什么可以对朋友保密的。这样朋友才会与你同甘共苦。做人不能欺骗朋友，"骗朋友仅一次，害自己却终生"。所谓"害人如害己"，失信于他人的人，就不会得到别人信任，在社会上就会"失道寡助"，甚至还会将自己送上绝路。

从前，有一只灰狼和一头野猪，它们是非常要好的朋友。有一次，灰狼生病了，野猪到处找食物给灰狼吃，灰狼在野猪的精心照顾下，很快恢复了健康。为此，灰狼很感激野猪，并发誓说："野猪大哥，我以后一定会好好报答你。"

野猪相信了灰狼的话，从那以后，它们两个更亲密了。野猪只要找到了好吃的，就留一半给灰狼，还真心诚意地对灰狼说："兄弟，只要我们俩团结一致，互相帮助，就没有战胜不了的困难，也不用再惧怕森林中的老虎了。""就是，就是，有野猪大哥在，我什么都不怕！"灰狼边啃着野猪送来的食物边说。

一天，灰狼和野猪结伴到森林里寻找食物。在路上它们碰到了老虎。见到老虎，灰狼吓得够呛，于是灵机一动对老虎说："老虎大王，那头野猪跑得很快，您可不见得能追上它，要不我们做一笔交易吧，只要我帮你捉住了野猪，你就放了我。您看怎么样？"

野猪听后，生气地对灰狼说："现在大敌当前，我们只要精诚团结，肯定能战胜老虎，可你怎么能出卖我呢？"

"野猪大哥，我有办法战胜老虎，我这是骗它呢！你照我说的做准没错！你看，那边有个大坑，你跳进去躲起来，老虎交给我来对付就行了。"灰狼故意压低声音对野猪说。

"谢谢你，好兄弟。"野猪感动得掉下了眼泪，毫不犹豫地跳进了那个深坑里。

"尊敬的大王，我已把那该死的蠢野猪骗进了深坑里，您随时可以抓住它。那么现在，我是不是可以走啦？您快去享受您的美餐吧！"灰狼向老虎献媚道。

"呸，野猪已逃不掉了，早晚我会吃掉它，现在，我要吃的是你！"说完，老虎猛扑上去，咬死了灰狼。

朋友如手足，背叛朋友无异于自残。事实上，那些出卖朋友、背叛朋友的人，其自身往往也没有好的下场，就如上文中的灰狼一样，自己也成为了老虎的盘中之餐。所以，不管自身的情况如何，我们都应该记住：朋友是手足，永远也不能背叛。

2. 患难之交真朋友

在生死攸关的时刻，那个能与你肝胆相照，甚至不惜牺牲自己利益帮助你的人，可以称作你的一个朋友，在你遭难时刻，那个能明哲保身、不落井下石加害你的人，可以称作你的半个朋友，朋友是不能苛求回报的。

古时候有一个行侠仗义，广交天下豪杰的侠士。临终前，将他的儿子叫到床前说道："我这一生行走江湖，结交天下豪侠无数，深知江湖险恶，人心险恶，你要记住，人的一生就交到了一个半朋友，而且只有这一个半朋友才能让你在江湖上平安无事地走下去。"

儿子疑惑万分。他的父亲就贴近他的耳朵交代一番，然后对他说："你按我说的去见见我的这一个半朋友，朋友的要义你自然就会懂得。"

儿子先去了他父亲认定的"一个朋友"那里。对他说："我是某某的儿子，现在正被朝廷追杀，情急之下投身你处，希望予以搭救！"这人一听，容不得思索，赶忙叫来自己的儿子，喝令儿子速速将衣服换下，穿在了眼前这个素不相识的"朝廷要犯"身上。侠士的儿子明白了：在你生死攸关的时刻，那个能与你肝胆相照，甚至不惜割舍自己的亲生骨肉来搭救你的人，可以称作你的一个朋友。

儿子又去了他父亲说的"半个朋友"那里，抱拳相求把同样的话诉说了一遍。这"半个朋友"听了，对眼前这个求救的"朝廷要犯"说："孩子，这等大事我可救不了你，我这里给你足够的盘缠，你远走高飞快快逃命，我保证不会告发你……"

儿子明白了：在你患难的时刻，那个能够明哲保身、不落井下石加害你的人，可称作你的半个朋友。

故事中父亲对儿子的告诫，间接地告诉我们一个交友的道理：你可以广交朋友，也不妨对朋友真心善待，但绝不可以苛求朋友给你同样回报。善待朋友是一件纯粹的快乐的事，其意义也常在此。如果苛求回报，快乐就大打折扣，而且失望也同时隐伏。

3. 放牧人的恶果

人可以拥有，但切不可贪婪；人可以追求享受，但不可志在炫耀。对待朋友，不管新老朋友，都要一视同仁地看待，戴着有色眼镜看人，只会让自己陷入深渊。

一位草原游牧人在傍晚回家后清点牦牛数量时，发现里面混入了几只野牦牛，就把它们和自己的牦牛关在一起过夜。

次日清晨，天降下雪，游牧人无法把牛群赶到外面去放牧，只好把它们关在牛圈里，给它们吃以前准备的草料。游牧人很想引诱野牦牛留下来，成为自己的牦牛，于是就给这几只野牦牛很充足的精饲料，给自己的牦牛吃的饲料却不过是一些草根，且只够勉强充饥。

数日后，天气转晴，冰雪开始融化，游牧人把自己的牛群赶到外面去放牧。几只野牦牛一下子就迅速散开，朝山里跑去。

"你们这些忘恩负义的东西，下雪时我特意照顾你们，饿着自己的牦牛，今天你们竟然用逃跑来报答我……"游牧人气得捶胸顿足，破口大骂。

"就因为这个原因，我们才逃跑的。昨天你对我们比对你养了很长时间的牦牛还好，很明显，你居心不良。将来，如果有另外的牦牛来跟你，你也会对它们比对我们更好的。"一只野牦牛转身回敬游牧人道。

而就在游牧人大骂野牦牛的时候，他所养的牦牛也因为痛恨主人的贪婪和不公，一溜烟的跑掉了。

新老朋友只是结识的时间不同，并无真正意义上的新旧之分，只有"结识新朋友，不忘老朋友"，才会"多少新朋友，变成老朋友"。老朋友是经历时间考验的朋友，是我们人生当中一笔宝贵的财富，无论我们身在何方，处于什么境遇，都要记得对朋友的关怀，不管是新朋友还是老朋友。

4. 小白鼠的惨剧

人的一生总会有几个朋友，真挚的友情谁都是渴望的。然而，同什么人交朋友、如何谨慎交友，是必须十分慎重对待的一个问题。古人说过："一生之成败，皆关乎朋友之贤否，不可不慎也。"如果在交友方面不谨慎，不严格，无异于"引火烧身"。

一只猫结识了一只小白鼠。猫信誓旦旦地说它多么爱小白鼠，愿意跟它交朋友。小白鼠终于同意和它住在一间屋子里，共同生活。

"我们应当准备冬季的食物了，不然我们会挨饿的。"猫说。按照猫的提议，它们买来了一罐猪油。但它们不知道该把罐子放到哪里好。考虑了好久，猫说："藏猪油的地方，没有比教堂更好的了，谁也不敢到那里去拿东西。把罐子藏到祭坛下面，我们不到需要的时候，不要去动它。等我们实在找不到食物了，再拿它来充饥。"

罐子总算藏到了安全的地方了。但是没过多久，猫想吃猪油了，它对小白鼠说："我想对你讲件事，亲爱的小白鼠，我的表妹生了个宝贝儿子，要请我去做干爹。这只小雄猫一身白绒毛，带有褐色花斑，我得抱它去受洗礼。我今天去一下，你独自把家照管好。"

"行，行。"小白鼠回答说，"去吧，上帝保佑你！你要是吃到什么好东西，可别忘了我，我挺喜欢喝一点产妇喝的红甜酒。"但是这一切都是假的，猫既没有表妹，也没有人请它去做干爹。它径直跑到教堂去了，偷偷地溜到那罐猪油旁边，开始舔油吃。它舔去了油上面的一层表皮，然后在市区的屋顶上散了一会儿步，接着便在太阳下舒舒服服地躺下来休息。直到傍晚，猫才大摇大摆地回到了家里。"呵，你回来啦。"小白鼠说，"你一定快快活活过了一天。"

"过得很好。"猫回答说。

"那孩子叫什么名字？"小白鼠问道。

"叫'去了皮'。"猫冷冰冰地回答。

"'去了皮'？"小白鼠叫道，"这可是一个奇怪而少见的名字。你们猫常用这个名字吗？"

"这有什么稀奇？"猫说，"它不比你的干爹们叫'偷面包屑的'更坏呀。"

没过多久，猫的嘴巴又馋起来。它对小白鼠说："你得帮帮我的忙，再单独看一次家，又有人家请我去做干爹了。由于那个孩子脖子上有一道白圈，所以我不能推辞。"善良的小白鼠同意了。猫却悄悄地从城墙后面走到教堂里，把罐子里面的猪油吃去了一半，一边吃还一边自言自语地说："再也没有比自己单独吃东西的味道更好了。"吃过猪油之后，它心满意足地回家了。

到家后，小白鼠问道："这个孩子叫什么名字?"

"叫'少一半'。"猫回答说。

"少一半'? 你在说什么呀，这种名字我平生还没有听见过。我敢打赌，书上都没有这个名字。"猫打着饱嗝，没有理会小白鼠的疑惑。

不久，猫又对那美味的猪油垂涎三尺了。它对小白鼠说："好事必成三，我又要去做干爹了。那孩子浑身乌黑，唯有爪子是白色的，除此，全身没有一根白毛。这可是几年才碰到一次的事，你让我去吗?"

"'去了皮'! '少一半'!"小白鼠说，"都是些非常奇怪的名字，这真叫我费解。"

"你呀，穿着白色粗绒外套，拖着长辫子，整天坐在家里，心情自然会郁闷，那是因为白天不出门的缘故呀! 我看啊，你出门散散心，心情就好了。不过你可千万别跟着我，我那些亲戚是最爱吃小白鼠的。"

猫走后，小白鼠便打扫房屋，把家里弄得很整洁。而那只馋嘴猫却把一罐猪油都吃光了。到了晚上，猫吃得胀鼓鼓地回到家里。小白鼠马上问孩子的名字。"你可能也是不会喜欢的。"猫说，"它叫'一扫光'。"

"'一扫光'?"小白鼠惊叫了起来，"这是一个很难理解的名字，我在书上还没有看见过。一扫光，这是什么意思?"猫摇摇头，蜷起身子，躺下睡觉了。

没有了猪油，也就没有刚出生的小猫来请猫当干爹了。冬天到了，外面找不到半点吃的东西，小白鼠想到它们储存的东西，便说："走吧，猫，我们去吃储存的那罐猪油吧，那东西一定很好吃。"

"是的，"猫答道，"一定合你的口味，就像你把伶俐的舌头伸到窗外去喝西北风的滋味一样。"它们动身上路了。到了那里，罐子尽管还在原来的地方，但却早已空空如也。

"哎呀，"小白鼠恍然大悟，"现在我知道是怎么一回事啦，你真不愧是我的好朋友！你假装去做什么干爹，却把猪油全都吃光了：先是吃皮，然后吃了一半，以后就……"

"你给我住口！"猫叫道，"再说一个字，我就吃掉你！"

但是"一扫光"几个字已经到了可怜的小白鼠嘴边。话刚一出口，猫就跳了过去，一把抓住了它的"朋友"，把可怜的小白鼠给吃了。

人生在世不能没有朋友，但交什么样的朋友，对一个人的成长与进步影响重大。猫与老鼠就是天敌。老鼠非要火中取栗，与猫交朋友，到头来只能害了自己。好朋友可以给你的工作、生活和事业带来很多帮助，坏朋友却会给你的人生和事业带来烦恼和厄运。

Part4 "知己百千少，损友一人多"——交友哲学

1. 受到惊吓的小花猫

一身珠光宝气的人不一定有真才实学，而衣着朴素的人也不一定就是庸才。不管是与人交往，还是选拔人才，都要与对方进行深入的交谈。如果穿着考究的人对所问的问题一窍不通，那么宁可选择衣着简朴而有真才实学的人，也不要与那些"金玉其外，败絮其中"的人为伍。

有只小花猫没见过什么世面，有一天它回家跟自己的妈妈说：

"妈妈，刚才太恐怖了！我简直被吓坏了！我遇见了一个用两条腿走路的庞然大物，我不知道它是什么动物。它的头上有顶红冠，眼睛特别凶，盯住我看。它还有个尖嘴巴，忽然之间它伸长了脖子，把嘴巴张得非常大，叫出来的声音很洪亮，我认为它是要来吃我了，就拼命跑回家来了。遇到它真是厄运，要不是它，我就和我之前遇到的另一只动物交上朋

友了。它的毛和我们的一样柔软，只是颜色是灰白色的，而且脸上也和我们一样，有长长的胡须。它温和的眼睛有点像没睡醒的样子。它很和气地看着我，摇动着它的长尾巴。我想它是要和我说话，当我正想靠近它时，那只可怕的庞然大物却开始喔喔叫了，我只好连忙跑回家了。"

"我的傻孩子，你跑回来就对了。你说的那只凶恶的庞然大物倒不会伤害你。那是只于我们无害的公鸡。反倒是那只毛很柔软的漂亮动物是一只老鼠，在这个世界上它是我们最大的敌人。"猫妈妈听完小花猫的话以后，教育小花猫道。

一个有漂亮外表的人，不一定就有善良的心肠；而外表丑陋者之中，也有品德高尚的人。判断一个人是否可以成为结交的对象，必得先观其行，再决定是否结交，切忌以貌取人。

2. 智子买驴

与优秀的人为伍，与那些比自己聪明、经验丰富的人交往，我们或多或少会受到感染和鼓舞，提升我们自身的修养和品位。我们可以参照他们的生活状况改进自己的生活状况，成为他们智慧的伙伴。与优秀的人交往总是会使自己也变得优秀。优秀的品格得到提升，使我们的生活和他们一样充满活力。

智子在牲口交易市场上转悠，最后看中了一头驴。他走上前去将驴检查了一遍后，问驴的主人："我能试用一下吗?"

"你要试用多长时间?"

"只要一天就行。"

"如果只是一天，没什么问题。"

智子牵着驴回了家，把驴赶进了驴棚。

第二天一早，智子走进驴棚，一眼就看见那头新驴正同驴棚里最好吃懒做的一头驴打得火热。智子二话不说，牵着那头驴就去了牲口交易市场。

"我不想买这头驴了！"智子对卖驴的人说。

"为什么？这头驴有什么问题吗？"驴的主人纳闷地问道。"我不需要再试用了，因为我发现，它一进驴棚，就和最好吃懒做的一头驴交上了朋友！"智子解释说。

人们常说"物以类聚，人以群分"，意思是人都喜欢和同类的人在一起，因为他们价值观相近，合得来。所以性情耿介的人和投机取巧的人合不来，喜欢酒色财气的人也绝对不会跟自律甚严的人成为好友。因此，从一个人跟什么样的朋友打交道中就可以看出这个人的品格。

3. 蝴蝶与苍蝇

交朋友要把好质量关，并不是多多益善，量不代表质。孔子曾说过，"有朋自远方来，不亦乐乎？"我认为孔圣人这里讲的应该是老友和好友！今朝有酒今朝聚的朋友还是少交的好。有的人一生没当官，也不做生意，一生为人诚实，又乐于助人，同样会高朋满座。

一只苍蝇骄傲地对蝴蝶炫耀道："瞧，我的人缘多好啊！用朋友遍天下来形容最恰当不过了。而你的人缘就很差，只有小蜜蜂愿意跟你做朋友，难道你不觉得可悲吗？"

"的确，你的朋友是比我多，但它们要么是蟑螂，要么是蚊子，要么是臭虫，没有一个是品质高尚的，因此人类对你们深恶痛绝，并把你们列为除灭的对象。而我呢，虽只有小蜜蜂一个朋友，但它却能酿出甘甜的蜜，能造福人类。你仔细想想，到底咱们两个谁更可悲？"蝴蝶回答说。

人们常说"多一个朋友，多一条路"。其实，这话绝对了一点。朋友多了。有可能是好事，但如果我们像苍蝇那样，交的朋友全是些蟑螂、蚊子、臭虫之类的家伙的话，那我们还是不交朋友的好。因为这样的朋友除了能把我们带坏以外，不会给我们带来什么好的影响。所以说，交友求质不求量，朋友多和好朋友多，完全不是一回事啊！

4. 石头的"芳香"

你身边的朋友对你是有着非常大的影响力的，有的时候你的成功失败都不是你能决定的，完全受到朋友的制约，所以，我们要尽量多结交品德优秀的人，以此来鞭策自己、约束自己。

一位园丁在公园修剪灌木时，在花丛的一个角落发现一块石头，令他惊奇的是，不断有芬芳的香味从这块石头上散发出来。

园丁如获至宝，于是就把这块石头带回家去，一时之间，他的整个房间充满了香味。

"你是一种类似麝香的珍贵材料？还是一种罕见的香料？或是不经意被谁丢弃的珍宝？"园丁百思不得其解地问石头。

"全都不是，我只是一块普通的石头而已。"石块答道。

园丁惊讶地问："那你的身上为什么会连续散发出浓郁的香味呢？"

"我只是曾经在玫瑰群和玫瑰一起相处了很长时间而已。"

"近朱者赤，近墨者黑。"现实生活中却很少有人能够分辨出谁"朱"谁"赤"。从现在开始，仔细观察身边的人，去粗取精、去伪存真，找到属于自己的良师益友。

5. "三献茶"中识人才

真诚不是智慧，但是，它会放射出比智慧更诱人的光泽。在我们的生活中有许多东西和事情，任凭你用智慧千方百计也是不会得到的，而你只要用真诚去换取却可轻而易举地得到。

石田三成是日本历史上的著名将领，曾经驰骋沙场，在日本无人不晓，极受人们的尊重。

1574年，石田三成来到长滨城郊外的一座观音寺修行，成了寺院里的一名茶童。一天，长滨城主丰臣秀吉打猎时路过寺庙，感觉到口渴便进入寺里求茶。石田三成毕恭毕敬地奉上满满一大碗凉茶。丰臣秀吉一饮而尽，直夸好茶，示意再来一碗。石田三成微微地笑了，转而换了个中碗，又递过一碗温热的茶。丰臣秀吉有说有笑地啜饮完，夸赞茶水色正味香，要求再上一碗。石田三成换了个容量更小的碗，呈上了一小碗热的滚烫的茶。丰臣秀吉细细地品尝完，接连夸赞水好茶好。丰臣秀吉心满意足地坐下，不解地问："你给我倒了三碗茶，为何要换三只碗，还用了三种不同温度的水？"石田三成解释说："这第一碗茶是给您解渴消暑；您喝完一大碗凉茶，已经不至于太渴了，所以第二碗茶就该稍带品茗之意，于是我选用了稍小些的碗冲泡稍微少量的茶，且把温度也适度地调高了；您在喝第三杯茶时，已全然无解渴之意，纯粹为了品茗，所以我用了更小的碗，冲泡更热的茶。"

丰臣秀吉听完这番话，认定石田三成是个人才，遂邀请他到自己的府邸做侍从。石田三成喜出望外地问："我只是按照生活常识给您泡了三碗茶，哪里经得起您这般赏识？"丰臣秀吉笑着说："懂得站在对方的立场思考问题，寻求解决问题的最合适办法，这便是判断一个人能力的基本原则呀！"此后，石田三成尽心尽力地辅佐城主，伴随丰臣秀吉称霸全国，成为日本历史上的一代名将。

生活中有很多人之所以活得轻松、活得自在，正是因为他们具备一颗真诚的心，堂堂正正地做人，所以他们在自己的人生道路上，点燃了生命的精彩。每个人都给自己一片安宁的天空。在这片天空下去包容，去善待自己身边的人，就会活得自在、活得轻松。

第五章

运筹帷幄，方能斩获成功

——"男子汉"内力篇

竞争与合作，并非是水火不容的关系，而是相互联系、相互依存，你中有我，我中有你。无论是竞争还是合作，都要处理好自己和他人的关系，学会在竞争中合作，在合作中竞争。竞争与合作的和谐交融，是相互促进、共同提高的基础。

Part1 "单丝不成线，独木不成林" ——互惠共赢

1. 名花衰落之谜

即使自己是百花丛中娇艳美丽的牡丹，也应明白，一枝独放不是春，万紫千红春满园。

有一位精明的花卉商人，听说欧洲有一种罕见的花卉，便不远万里跑去非洲引进了这种花卉，培育在自己的花园里。计划繁殖到万株后再向市场出售，大赚一笔。

商人对这种名贵的花卉，细心照料，爱护备至。即便有亲朋好友来向他索要时，一向慷慨大方的他也不肯拿出一粒种子，甚至把自己的花园与外界隔绝，不准任何人进入。

冬去春来，那种名贵的花开了，十分漂亮，就像缕缕明媚的阳光。等到第二年春天，名贵的花已培育出了五六千株，但商人发现，花朵比去年略小不说，还有一点点的杂色。功夫不负苦心人，到了第三个春天，名贵的花已经繁育出了上万株。

但令这位商人费解的是，这种花的花朵在逐渐变小，花色也没有第一年的纯净，完全没有了它在欧洲时的那种雍容和高贵，甚至还没有普通的花好看，商人不仅没能靠这些花赚上一大笔，还遭到了亲朋好友的讥笑。

经过朋友的指点，商人便去请教一位资深的植物学家，把事情的来龙去脉说了一遍，问道："难道这些花退化了吗？可欧洲人年年种植这种花，大面积、年复一年地种植，并没有见过这种花会退化呀？这是怎么回事呢？"

植物学家问道："你花圃的隔壁是什么？"

"隔壁是别人的花圃。"商人回答。

"他们种植的也是这种花吗？"植物学家又问。

"他们的花圃里都是些郁金香、玫瑰、金盏菊之类的普通花卉。跟您说实话吧，这种花在全国，甚至整个亚洲也只有我一个人有。"

"我知道你这名贵之花不再名贵的秘密了。尽管你的名贵之花种满了你的花圃，但你比邻的花圃却种植着其他的花卉。这样，名贵之花传授花粉时就染上了比邻花圃花的花粉，所以你的名贵之花失去了本色，一年不如一年。"植物学家认真地说。

对于这样的答案，商人感到意外，他焦急地问植物学家："原来是这样啊，谁能阻挡风传授花粉呢？现在我应该怎么办？"

植物学家简洁而有力地说："让你的邻居的花圃也种上这种花。"

商人有些不太乐意地把自己的花种分给了自己的邻居，他认为自己现在是在做一笔"亏本"的生意。

令商人意外的是，次年春天花开的时候，他和邻居的花圃几乎成了名贵之花的海洋，这些花颜色典雅，花朵硕大，雍容华贵，和在欧洲时一模一样。名贵之花一经上市，便被抢购一空，商人和邻居都赚得盆满钵满。

与别人分享的东西才是最美丽的，大家所认可的东西才是社会上被接受的东西。想要拥有一片高贵的花的海洋，就必须与周围的人分享美丽，同他们共同培育美丽。只有这样，我们才能保持自己的纯洁与美丽，心灵无私，这是我们保持自身高贵、获取极大快乐的唯一途径。

2. 赢得上帝信任的人们

缺乏团结协作精神的人，很难在社会上取得成功，是难以在社会上立足的。只有在沟通中共享信息，在交流中相互学习，才能在工作中不断完善，才会做得更好。

在上古时代，女娲用泥土仿照自己创造了人，创造了人类社会。随着人类的增多，女娲开始担忧，她怕人类的不团结，会造成世界大乱，从而影响了他们稳定的生活。为了检验人类之间是否具备团结协作、互助互帮的意识，女娲想到了一个办法：她把人类分为两批，在每批人的面前都放了一大堆可口美味的食物，但是，却给每个人发了一双细长的筷子，要求他们在规定的时间内，把桌上的食物全部吃完，并不许有任何的浪费。

比赛开始后，第一批人"各自为政"，只顾拼命地用筷子夹取食物往自己的嘴里送，但因筷子太长，总是无法够到自己的嘴，而且因为你争我抢，造成了食物极大的浪费，女娲看到此，摇了摇头，为此感到失望。

轮到第二批人开始了，他们一上来并没有急着要用筷子往自己的嘴里送食物，而是大家一起围坐成了一个圆圈，先用自己的筷子夹取食物送到坐在自己对面人的嘴里，然后，由坐在自己对面的人用筷子夹取食物送到自己的嘴里，就这样，每个人都在规定时间内吃完了整桌的食物，并丝毫没有造成浪费。第二批人不仅仅享受到了美味，还获得了更多彼此的信任和好感。女娲看了，点了点头，为此感到欣慰。

世间的事总是有缺憾的，于是，女娲为第一批人的背后贴上五个字"利己不利人"；而在第二批人的背后贴上另外五个字"利人又利己！"

同样是采用了激励手段，两拨人也同样都尽力去做，但结果却差别很大。我们在日常生活中，也会遇到同样的问题。比如不同的学习小组采用不同的组织方式和学习方法，收到的效果是完全不同的。取长补短，互相借鉴和帮助，是取得成功的高效捷径。

3. "失道"的牛车

当你心中只有自己的时候，你可能把麻烦留给了自己；而当你心中想着他人的时候，可能他人也在不知不觉中方便了你。与人方便，就是与己方便。

苏格拉底带着他的几名学生外出，经过一条泥泞的山路时，他们看到一辆牛车，正停在高高的地方歇息着。

"你们看，那辆牛车要不了多会儿肯定会倾覆的。"苏格拉底用手指着那辆牛车对学生们说。

学生们不解地看着那辆车，连连问苏格拉底为什么会这么说。

面对学生们的提问，苏格拉底笑着说："你们看就是了。"说着，他们继续行路。

没走多远，忽听到一片喧闹声从山路那边传来，学生们惊奇地回头看时，那辆牛车果然已经翻了。

学生们觉得老师果然料事如神，便又禁不住地问道："老师，您怎么知道那辆牛车会翻的呢？"

苏格拉底说："你们看，山路泥泞难行，唯独那高高的山路没有烂泥浆，比较好通行。可是那条山路却又高又窄，众人驾着车都在奔向那里。而那辆牛车又有些自不量力，上了那条山路却又走不动，还不顾别人着急，顽固地占据在高高的位置上，阻碍着众人的车通过，无力前行，后面的路又堵满了前进的车辆，它怎么能不倾覆呢？"

学生们点头称是，佩服老师的判断正确。

苏格拉底接着又语重心长地说："世上还有比牛车倾覆更大的祸患，你们都记住牛车的危险作为教训吧！"

与人方便，自己方便，无论什么时候都要在追求自己利益的同时，考虑和照顾到别人的利益。如果我们不经意间成为了别人进步的障碍，更要及早地采取措施，科学地调整这种状况。否则，就容易跌跟斗。

4. 偷油的老鼠

一个想要发展的团队，如果成员没有团队意识，各行其是，那么，团队的目标将永远无法实现。一个人想要进步，必须增强团队意识。只有大家密切配合，团结协作，才能在成功的道路上焕发出生机和活力。

三只老鼠共同发现了一个盛满油的油缸，但油缸很深，很难偷到油缸里的油喝，于是它们想出了一个绝妙的办法：一只老鼠咬着另一只老鼠的尾巴，吊下缸底去喝油，大家轮流喝，有福同享。

第一只老鼠最先吊下去喝油，它想："油就这么多，大家轮流喝一点儿也不过瘾，今天算我运气好，干脆自己跳下去喝个饱。"夹在中间的老鼠想："下面的油没多少，万一让第一只老鼠喝光了，那我怎么办？我看还是把它放了，自己跳下去喝个痛快！"第三只老鼠也暗自嘀咕："油那么少，等它们两个吃饱喝足，哪里还有我的份儿？倒不如趁这个时候把它们放了，自己跳到缸底饱喝一顿。"

于是，第二只老鼠狠心地放开第一只老鼠的尾巴，第三只老鼠也迅速放开第二只老鼠的尾巴，它们争先恐后地跳到油缸里去了。最后，三只老鼠都淹死在油缸里。

团队成员之间只有真诚合作，才能顺利实现团队目标。每个人都应忠诚负责地对待自己的工作，不能因个人私利而置集体的利益不顾。只有相互信任，团结互助，才能获得进步，取得成功。

5. 可悲的驴子

自私是人的天性，尤其在利益面前，有的人更克服不了这种劣根性。

此外，见不得别人好也是很多人的通病。其实，"你好，我好，大家好"的共赢精神，才能促进人际往来的顺利。别人好，自己未必就会损失利益；自己好的同时，也应该尽量想到不要对别人造成伤害，只有这样，才能实现互惠共赢。

清朝时期有一个行走商人，做各种小生意养家糊口。有时是贩卖布匹、珠子，有时是贩卖水果和新鲜蔬菜。

为了免去到处徒步的奔波之苦，保证生意的顺利进行，商人买了一匹马和一头驴，让它们各自驮着一些货物走乡串村，四处奔走。

经过一段跋山涉水的艰苦旅行之后，马感到自己承受不了货物的重量了，就向驴子恳求道："兄弟，我实在顶不住了，请帮我分担一点吧。你看怎么样？"

驴子用轻蔑的眼光看了看马，说道："我们吃一样的食物，走一样长的路，我凭什么要驮那么多谷物，我还想让你替我驮一点呢！"

由于路越来越难走，马终因体力不支、精疲力竭，倒地而亡。

商人一看马死掉了，就把所有的谷物，包括马的皮，都放在驴子背上。

这时，驴子才幡然悔悟，它悲伤地说："如果当初替马分担一点，就不会受这么大的苦了。可现在不但驮上了全部的货物，还多加了一张马皮。我的命真的很是不幸，我真是自作自受啊！"

但是，现在后悔已经太晚了，可悲的驴子只能拖着疲惫的身躯，驮着全部的货物和马皮前行了。

人与人之间相互合作，才能生存得更好。寓言中的驴子就是因为不懂这个道理，不肯帮马多分担一点谷物，最终只好驮起了全部货物，落了一个可悲的下场。

Part2 "将欲取之，先要与之"——品味舍得

1. "生"与"死"之间的十尺距离

成功绝非偶然，一定属于必然。别人舍不得的时候，你舍得；别人忍不得的时候，你忍得；别人记不得的时候，你记得；别人做不得的时候，你做得；别人坚持不了的时候，你咬紧牙关去坚持。成功，就在最黑暗之后那0.1秒，就是所有人都选择放弃的时候，你仍知道自己在干什么。

有一个一心想要登上世界第一高峰的登山者。在经过多年准备之后，他开始了他的旅程。由于他希望完全由自己独得全部的荣誉，所以他决定独自出发。他开始攀爬，但是时间已经开始变得有点晚了。然而，他非但没有停下来准备他的露营帐篷，相反，还是继续向上不断攀爬。直到周围变得漆黑一片，这位登山者什么都看不见为止。

山上的夜晚显得格外黑暗，因为，月亮和星星又刚好被云层给遮住了。即便如此，他仍然不断向上。就在离山顶只剩下几尺的地方，他滑倒了，并且迅速跌了下去。他不断地下坠着，在这极其恐怖的时刻里，他的一生，无论好坏，也一幕幕地不断浮现在他的脑海里。当他一心一意地想着，此刻死亡正如何快速地接近他的时候。突然间，他感到系在腰间的绳子重重地拉住了他。他被吊在半空中……此时，他一点办法也没有，只好大声呼叫："上帝啊！救救我！！！"突然间，从天上传来低沉的声音回答他说："你要我做什么？"

"上帝！救救我！！"

"你真的相信我可以救你吗？"

"我当然相信！！"

"那就把系在你腰间的绳子割断。"

短暂的寂静之后，登山者决定继续奋力抓住手里那根救命的绳子……

搜救队第二天发现了冻得僵硬的登山者的遗体。他的尸体挂在绳子上，他的手也紧紧地抓着那根绳子，尸体距离地面仅仅十尺。

如果是你，你会舍得松开手里的那根绳子吗？人们常说："舍得，舍得，有舍才有得。"可是当我们真正遇到要取舍的尴尬处境，又有多少人可以真正看开，舍得放弃握在手里已有的"幸福"？老天对每个人是公平的，在取舍面前，转一个身，或许真的自有一番新的天地。

2. 鸡窝里飞出去的"鹰"

"居安思危，未雨绸缪"，是一种超前的忧患意识。居安思危者，则昌、则盛；反之则衰、则败、则亡。每个人都要心存一定的危机感和忧虑感才能在当今如此激烈的竞争环境中得以生存。

从前有一个樵夫，他在山里打柴时，偶然间拾到一只样子很怪的鸟。那只怪鸟和刚满月的小鸡一样大小，还不会飞。樵夫看它可怜，就把它带回了家。樵夫的小儿子很喜欢这只怪鸟，于是樵夫就把它送给了自己的小儿子。小儿子很调皮，他将怪鸟放在鸡窝里，充当母鸡的孩子，让母鸡养育。母鸡没有发现这只外来的鸟跟自己的孩子有什么不同，于是也就全权负起一个作为母亲的责任。怪鸟一天天长大了，人们惊奇地发现那只怪鸟竟是一只鹰！

随着这只鹰越长越大，村子里的人们开始担心了，因为鹰毕竟是猛禽，人们生怕它会偷吃村子里的鸡。于是，为了保护自己家里的鸡，人们一致要求：要么杀了那只鹰，要么将它放生，让它永远也别回来。因为和鹰相处的时间长了，有感情，樵夫一家人自然舍不得杀它，他们决定将鹰放生，让它回归大自然。然而他们用了许多办法都无法让鹰重返大自然。他们把鹰带到很远的地方放生，过不了几天那只鹰又回来了；他们驱赶它，不让它进家门；他们甚至将它打得遍体鳞伤……许多办法都试过了，均不奏效。最后他们终于明白：原来那只鹰舍不得的是它从小长大的环境，和樵夫家里温暖的鸡窝。

后来，村里的一位老人帮助樵夫解决了这个问题。老人将鹰带到附近一个最陡峭的悬崖绝壁旁，然后将鹰狠狠地向悬崖下的深涧扔去。那只鹰开始如石头般向下坠去，然而快要到涧底时它终于展开双翅托住了身体，开始缓缓滑翔，然后轻轻拍了拍翅膀，飞向蔚蓝的天空。它越飞越高，越飞越远，渐渐变成了一个小黑点，飞出了人们的视野。在这飞翔的过程中，这只鹰终于找回了自己的本性，舍弃了那原本不属于它的温暖的家永远地飞走了，再也没有回来。

其实我们每个人又何尝不像那只鹰一样，总是对现有的东西不忍放弃，对舒适安稳的生活恋恋不舍。我们就像温室里的花朵，养尊处优，安逸舒适，却永难突破自己，一旦危机来临，我们便会因力量不足，而陷入困境。因此，一个人要想防患于未然，要想让自己的人生有所突破，就必须懂得放弃一些我们认为很珍贵的东西，去实现自己更高的理想。

3. 成功有时需要转个弯

坚持需要持之以恒，但要看是在什么时候，有时你坚持，有可能失去生命，在那时，也许坚持不是成功，放弃才能有更多的成功机会，失败有时也是成功，凡事并非是绝对的，放弃和失败有时更是成功不可缺少的一部分。

法国少年皮尔从小就喜欢舞蹈，他的理想是当一名出色的舞蹈演员，在舞台上展示自己的魅力，得到台下观众的鲜花和掌声。可是，天不遂人愿，皮尔生在了一个平民家庭中，父母根本拿不出多余的钱来送皮尔上那些只有富人才上得起的舞蹈学校。为了养家糊口，皮尔的父母将他送到了一家裁缝店当学徒，希望他学一门手艺后能帮助家里减轻负担。皮尔非常讨厌自己的这份工作，不但因为繁重的工作所得的报酬还不够他自己一个人的生活费，更重要的是，这份工作让他离自己的梦想越来越远。

终于，皮尔不堪忍受这样的生活了，他想要自杀，因为他觉得与其这样痛苦地活着，还不如早早结束自己的生命。就在皮尔准备跳河自杀的当晚，他突然想起了自己从小就崇拜的"芭蕾音乐之父"布德里，皮尔想，只有布德里才能明白他这种为艺术献身的精神。他决定给布德里写一封信，希望对方能收下自己做学生，而如果布德里不肯收下他，他就自杀。

很快，皮尔收到了布德里的回信。当皮尔用颤抖的双手展开信纸以后，却发现布德里并没提及收他做学生的事，也没有被他要为艺术献身的精神所感动，而是在信中讲述了他自己的人生经历。布德里说他小时候很想当科学家，因为家境贫穷无法送他上学，他只得跟一个街头艺人跑江湖卖艺……最后，他说，人生在世，现实与理想总是有一定的距离。在理想与现实生活中，首先要选择生存。只有好好地活下来，才能让理想之星闪闪发光。一个连自己的生命都不珍惜的人，是不配谈艺术的。人只有努力珍惜自己眼前所拥有的，才能在这个世界上立足。

布德里的回信让皮尔猛然醒悟。后来，他努力学习缝纫技术，并得到了裁缝店老板的赏识，将自己的一身本事全都教给了皮尔。从23岁那年起，皮尔在巴黎开始了自己的时装事业。很快，他便建立了自己的公司和服装品牌。他就是皮尔·卡丹。在一次接受记者采访时，皮尔·卡丹说，当自己长大之后再回想童年，他发现自己其实并不具备舞蹈演员的素质，当舞蹈演员只不过是少年轻狂的一个梦而已，是布德里先生的一封信击碎了他儿时的梦幻，让他走上了现在这条成功之路。

古往今来，因为坚持梦想而最终成功的人不计其数，人们常常赞誉那些功成名就的幸运者，认为必须坚强、执着、永不放弃自己的理想，才能成为生活的强者。可是当梦想照进现实，我们往往会发现，其实梦想并不是非坚持不可的，而且在一定的条件下，放弃也可能成为走向成功的捷径。"条条道路通罗马"，找到与自己才能相匹配的新的努力方向，同样有可能创造出自己的辉煌。

4. 跨过沙漠的小河

舍得微笑，才会收获友谊；舍得宽容，才会收获大气；舍得诚实，才会收获朋友；舍得面子，才会收获实在；舍得酒色，才会收获健康；舍得虚名，才会收获逍遥；舍得施舍，才会收获美名；舍得红尘，才会到得天境；舍得小，就有可能得大；舍得近，就有可能得到远。

在一个僻静的山涧里，有一条小河，它一直在寻找大海，几经辗转，小河来到了一片沙漠。

当小河决定越过这片沙漠的时候，它发现它的河水渐渐消失在泥沙当中，它试了一次又一次，总是徒劳无功，它颓丧地自言自语，"也许，这就是我的命运了，我永远也到不了传说中那个浩瀚的大海。"

这时候，沙漠发出一阵低沉的声音，"如果微风可以跨越我的话，那么你小河也是可以的。"

小河很不服气地回答说："那是因为微风可以飞过沙漠，可是我却不会飞，我是一步一步走过来的。"

"如果你坚持你原来的样子，那么，你永远都无法跨越我。"沙漠用它低沉的声音这么说。

"那我应该怎么办呢?"小河问道。

沙漠严肃地说，"小河，只要你愿意放弃你现在的样子，让自己蒸发到微风中。微风就会带着你飞过我，到达你的目的地。"

"放弃我现在的样子，然后消失在微风中？不！不！那不等于是自我毁灭了吗？"小河无法接受这样的提议，毕竟它从未有过这样的经验。

"微风可以把你的水气包含在它之中，然后飘过沙漠，到了适当的地点，它就会把这些水气释放出来，于是你就变成了雨水，又会形成河流，继续向前进。"沙漠很有耐心地回答。

"这是真的？那我还是原来的河流吗？"小河问。

沙漠回答："不管你是一条河流或是成为看不见的水蒸气，你内在的本质从来都是不会改变的。"

于是，小河鼓起勇气，投入到了微风张开的双臂，消失在微风之中。在微风的带领下，小河越过了沙漠，然后又变成雨水，汇入了河水……奔向它生命中永恒的归宿。

我们的奋斗往往也像小河一样，要想跨越生命中的障碍，达成某种程度的突破，往理想中的目标迈进，需要有放弃自己现在的样子的勇气。因为只有暂时地放弃自我、改变自我，你才有可能找到一条生存之道，向更广阔的领域迈进。

5. 绝境逢生的考古学家

儒家曰，舍恶以得仁，舍欲以得圣；而在今人的眼里，舍是付出，是投入，得是收获，是回报。舍得是一种大智慧：孰舍孰得，是大智慧者在洞悉了大势所趋后的智慧抉择。

一位考古学家行至沙漠时，突然遭遇了一场突如其来的沙暴，风非常的大，吹得他什么也看不见，一阵狂沙吹过之后，他已辨不清正确的方向，他下意识地将身边仅剩的一壶水抱在怀里，现在这水就是他的生命。

天气出奇地炎热，水壶里的水越来越少了，水没了，希望就没了，人也就没了，考古学家不停地舔着干裂的嘴唇。开始，在沙漠中行走了两天，考古学家也没有走出沙漠，水壶里的水已经见底了。

正当考古学家迷惑的时候，在他的眼前突然出现了一幢废弃的小屋。看见小屋他感觉到很累，于是拖着疲惫的身子走进了屋内。这是一间不通风的小屋子，里面堆了一些枯朽的木材，没有水。

考古学家几近绝望地走到后院，却意外地发现了一架抽水机，他飞快地跑上前汲水，可是怎么抽也抽不出半滴水来。这时，他颓然坐地，心想：这回算是彻底完了，没水喝肯定走不出沙漠去。

突然，考古学家无意中瞟到了抽水机旁有一个用软木塞堵住瓶口的小瓶子，瓶上贴了一张泛黄的纸条，纸条上写着："如果想喝水，你必须将瓶子里的水灌入抽水机才能将水抽出。但是不要忘了，离开前请把水瓶装满！"他急忙拔开瓶塞发现瓶子里果然装满了水。

但是，考古学家感到很为难，心里开始了激烈的思想斗争：如果我照纸条说的做，把身边这个瓶子里的水倒进去没有水上来怎么办？没有水喝我可是很快就会没命了。但没有试验过，又怎么知道不行。到底要不要冒险呢？

考古学家在心里拼命挣扎，最后，他下定了决心，只见他两眼一闭，将瓶子里的水全部灌入那架看起来破旧不堪的抽水机内，然后用颤抖的双手汲水——水真的大量涌了出来！他哭了！

考古学家喝了足足三瓶水后，将水壶灌满水，又把瓶子装满水，用软木塞封好。直到现在，考古学家都在为自己当初的选择感到庆幸，他说，"若是当时我自私地将瓶子里面的水喝完，或许我现在已经命丧沙漠了。"

"将要取之，先要予之"，考古学家用水付出来引水，救了自己的性命。的确，取得和付出是相对的，在取得任何东西之前，必须要先学会付出。只有这样，我们才能够取得更多的回报。

6. 磨刀不误砍柴工

舍，是一种豁达，是一种胸怀，是智者面对生活的明智选择。没有舍，就不会有得，舍与得是相互转化的。在享乐和磨难面前做选择时，选择磨难的人看似很愚蠢，实则是一种智慧，最后却能享受成功和高贵，但一开始就选择享乐的人，大多一辈子都碌碌无为。

古时候，有一个年轻气盛的男子，拜师于一个经验很丰富的老伐木工，当上了伐木工。年轻人在学习了一段时间后，便觉得自己什么都学会了，就想和师傅比试一下，看谁的伐木技术更胜一筹。

第一天去伐木之前，师傅拿着斧子在院子里的石头上磨了起来，并且教育年轻人伐木之前要好好地磨一下斧子。

年轻人太心急了，他不以为然地对师傅说："磨斧子是一件很浪费时间的事，把每天磨斧子的时间省下来，可以多干多少活啊。"说完，他便背上斧头上山了。直到年轻人砍了20分钟后，师傅才来。

第一天，年轻人的确是比师傅砍得快，还砍得多，他砍了25棵树，而师傅只砍了20棵。他心里沾沾自喜，觉得自己比师傅还厉害，并且更加坚定地认为不磨斧子早一点去砍树是正确的。

第二天，年轻人依然不磨斧子，并且劝师傅也不要浪费时间，快点儿和他一起进山。师傅没有说话，只是笑了笑，依然认真地磨着自己的斧子。

结果，年轻人第二天出了和第一天一样多的力，却只砍了20棵树，而师傅砍的树依然是20棵，两人持平。

年轻人很不服气，他觉得自己今天可能是没有力气，所以砍得少了。于是，第三天，年轻人起得很早，在师傅还没有磨斧子的时候他就进山了，并且砍得比前两天都要卖力，他一心想砍的比师傅多。

173

谁知，年轻人干了一整天，累得浑身都没有了力气，却只砍了18棵树，而老师傅还是砍了20棵，他特别沮丧地坐在大树下，他想不明白自己花的时间比师傅多，用的力气比师傅大，为什么工作一天比一天落后于师傅呢？

师傅看出了年轻人的困惑，他笑呵呵地说："年轻人，你想知道为什么你砍的树越来越少吗？你想知道你砍树为什么越来越吃力吗？"

年轻人急切地想知道原因，"师傅，我不知道这是怎么回事，您能告诉我吗？"

师傅语重心长地说："年轻人，干什么事情都不能那么急躁，在砍柴之前要磨好斧子，不要害怕浪费磨斧子的那点时间，你把斧子磨好之后才能更快地砍树啊，这就叫作磨刀不误砍柴工！"

年轻人听了师傅的话，将信将疑，但是事实摆在面前——他的确是没有师傅砍得多，于是第四天早上，年轻人没有早早地出发，而是和师傅一起磨斧子，直到把斧子磨得又快又光之后才去伐木。

结果，年轻人非常惊喜地看到自己又恢复了第一天的水平，砍了25棵树，而师傅砍的依然是20棵，他又砍得比师傅多了。从此，年轻人记住了"磨刀不误砍柴工"这一句话，并且一直用这句话教育着自己的徒弟们。

成功只会光顾准备充分的人，在生活中，当遇到问题的时候，我们先不要一开始就埋头苦做，而是要在开始做之前先想一想，这样的确要多花一点时间，但是却可以明确目标、提高效率，更接近成功。

Part3 "夫唯不争，万夫莫敌"——难得糊涂

1. 羲之装睡

"难得糊涂"是一种智慧。在纷繁变幻的世道中，能看透事物，看破人性，能知人间风云变幻、处事轻重缓急、举重若轻、四两拨千斤。

王羲之是东晋时期著名的书法家，7 岁时就开始练字，有着"小神笔"之称。

十岁的王羲之长得清秀可爱、聪明伶俐，当时的朝中大臣、领有重兵的大将军王敦非常喜欢这个同族兄弟的儿子，经常把他带在身边，有时安置在帅帐里和他一起吃饭，一起睡觉。

晋元帝登上帝位后，很不满意王氏家族控制朝政的局面，于是暗中想削弱王氏家族的势力。王敦本来就是个野心家，他很不满意让晋元帝当皇帝，所以也在暗中图谋篡夺皇位。

有一天，王敦早早地就起床了，而王羲之当时也在他的帐中休息，因为贪睡，所以还没有起床。

不一会儿，王敦的心腹钱风进入卧室，两个人便让左右的侍从都下去，秘密地商量叛乱起兵的大事，他们聊得太投入了，完全忘记了还有个小孩在帐中睡觉。

王羲之在钱风进来的时候就已经醒了，刚准备出来，可突然听到了他们密谋的事情，内心非常震惊，这可是灭九族的事啊！王羲之立刻就意识到了问题的严重性，一旦被王敦叔叔知道自己听到了他们密谋的事，那么自己的小命就不保了。怎么办呢？在这命悬一线的时刻，王羲之的脑中灵

光一闪，想到了一个主意：用手指悄悄地抠着喉咙，引起呕吐，把自己的脸和被褥都弄得很脏，并装出睡得很香的样子。

王敦和钱风正谈得起劲，突然他想起帐中还有个小孩，不禁吓了一大跳，要是这事泄露出去，那可不得了！为了免除后患，王敦对钱风说："没办法了，只能把羲之这孩子除掉了！尽管很可惜，但又有什么办法呢？只能怪他的命不好了。"

他赶忙前去掀开帐子一看，只见被褥到处都脏兮兮的，王羲之满嘴都是唾沫，脸上露出微微的笑容，似乎正做着好梦呢！

王敦又悄悄地退了出来，长长地嘘了一口气，对钱风说："这孩子正做着美梦呢，肯定没有听到我们密谋的事，就放过他吧。"

就这样，王羲之运用计谋躲过了一场杀身之祸。

当我们遭遇不测、面临险境时，不可六神无主，莽撞行事，应随机应变，充分运用自己的智慧以自救。

2. "最笨"的人

在与他人交往时，难免会发生一些磕磕碰碰，有些事我们不应耿耿于怀、斤斤计较，而要做到心中有数却不动声色地装点糊涂。人生难得是糊涂，小糊涂小聪明、大糊涂大聪明、不糊涂不聪明。如果我们把难得糊涂融入自己的做人之道，或许自己的人生就会游刃有余。

在一次自由讨论课上，老师问同学："树上有个苹果，离地 10 米，谁能想一个最简单的方法把它摘下来？"班里有个叫阿木的同学，为人诚实憨厚，没什么心眼，是平时大家开玩笑的"打击对象"，于是所有人异口同声地叫道："阿木，这个问题只有你能回答了！"

阿木挠着头，不好意思地站了起来，老师鼓励他道："大胆的说吧，这个问题可以自由讨论！"阿木扭扭捏捏地说道："依我看，跳起来摘就可以了……""哈哈哈哈……"教室里笑成一片，有人冲阿木喊道："这是什么笨方法？"老师纠正阿木道："我的目的是把它摘下来哦。"阿木抱歉地笑笑："那我……我再想想吧……"

这时终于站起来一个聪明人："报告！我觉得应该开着坦克把苹果打下来……"第二个聪明人受到了启发，跳起来说道："什么呀？一炮打下去苹果都烂了，最好的办法是找一名狙击手，通过高倍望远镜瞄准苹果再打下来。"又一人突发奇想："舞刀弄枪的都是一介武夫！"大伙的目光全部集中到他的身上，期待着他的绝妙办法……"我回家把音响搬来，对着树，将音量开到最大档，播放摇滚乐，肯定能把苹果从树上震下来。"这个让人无语的办法引得大家哄堂大笑。就在此时，真正的聪明人出现了："同学们，我家有一把锋利的斧头"，紧接着他双手一挥，随口蹦出两个字："砍树。"这笨的不能再笨的方法惹得同学们唏嘘一片。

老师笑着说道："很好，我们的讨论到此为止。"接下来她说了一段让所有同学印象深刻的话，"这个世界上，真正愚笨的事情，往往都是由聪明人想出来的、干出来的，而像阿木那样的'笨人'恰恰不会做出最笨的事来。"

有些学问、本领不高的人，不仅经常会浅尝辄止，而且还经常会像"半瓶醋"似的摇晃咣当。而中国传统观念里，又是最鄙薄这类骄傲自满的人的。那些宿儒式的学究、遗老，据说胸藏万墨，学富五车，肚子里的学问斗量不完，车载不尽。尽管如此，他们却又从来都是不摇不摆不动的，

3. 聪明还是糊涂

由于名利欲望的驱使，有些人会卖弄自己的小聪明，想方设法地表现自己，甚至不顾他人和集体的利益，这种做法就叫作"聪明反被聪明误"。

有一年，森林里的树木生病了，绿叶开始变黄，树皮开始剥落。生活在森林里的动物们也跟着遭了殃，它们的窝被暴露了，它们的食物大量减

少。面对亘古未有的浩劫，森林里的动物们急得团团转。此时，素有"森林卫士"之称的啄木鸟却不见踪影。动物们紧急商议，决定派夜莺把啄木鸟找回来。

历尽千辛万苦，夜莺终于把啄木鸟请回了这片森林。啄木鸟这边看看，那边瞧瞧，找准目标后着手救治了。不到一个月，啄木鸟完成了救治工作，这片森林开始慢慢恢复了往日的生机。怀着感激的心，动物们载歌载舞颂扬啄木鸟的伟大功绩，并把"妙手回春——啄木鸟"的巨大横幅挂在了森林的显目位置。

可是好景不长，不到半年，森林又开始患病了，而且比上次更严重。无奈之下，动物们只得再次派夜莺去找啄木鸟。

啄木鸟再次飞回森林，先在森林里故作神秘地观察了几天，然后找准目标开始救治。

富有经验的夜莺发现，啄木鸟并没有把害虫彻底清除，而是和上次一样留下了不少后遗症。

救治结束了，在啄木鸟的要求下，动物们又为它举办了盛大空前的歌功颂德晚会，并现场接受专题访谈。

在即将飞出这片森林的时候，夜莺悄悄地问啄木鸟："你为什么不彻底清除危害森林的害虫呢？"

啄木鸟眼睛转了转，说道："如果我把害虫都清除干净了，以后还怎么展示我的看家本领呢？"

夜莺不以为然地飞走了，在它那嘹亮嗓音的宣传下，啄木鸟的形象瞬间被毁，没有人愿意再相信它。

只为了显示自己的本领，就要把害虫留下来，让森林时不时的患病，这种行为并不是真正的聪明。人有时就像这只自作聪明的啄木鸟，不分场合、不分情形地卖弄自己所谓的"聪明"，以为自己聪明绝顶，事实上却是做了最蠢的事情

4. "傻"到极点便是聪明

生活中，人们都习惯于某种思维定式，我们称之为习惯性思维，很多时候，我们要学会跳出这种思维习惯，变换一下观察事物的眼光和角度，学会纵观事物的全貌，事情往往就会是另外一种结果了。

在美国的亚特兰大石头公园，公示牌上显示的游览收费标准是：坐缆车收费 12 美元游遍全公园，而徒步游览全公园 26 个景点和所有项目收费 8 美元。许多游客看到这样的收费标准，都认为这是"蠢举"。

实际上，美国人所以定出这样貌似"愚蠢"的价格决非头脑发热，而是经过极其科学和精密计算的。因为，一位游客如果坐缆车从上到下约需 20 分钟，只能从空中走马观花似地俯览一下公园的全貌，这类游客一般都不会在公园内吃饭、购物了，所以，公园从这类游客身上不能获得多少收益，故价格就定得高一些，目的是让游客望而止步，而如果一位游客选择游遍全园 26 个景点和项目，就需要一天的时间，这样，他就得在公园内吃饭，还会购物，公园的收入就会大幅度增长，所以才把此价格定得特低以此来吸引游客。

这低价表面上看起来似乎公园吃了亏，但实际上却是占了"大便宜"。如此巧妙的定价，自然吸引了绝大部分的游客选择后者，还都很高兴自认为捡了便宜呢，而最大的受益者则是公园。

美国还有一个经营采石场的商人，他靠炸石山卖石头赚钱，每年的利润高达几百万美元，于是，他把这些利润变成投资，逐年把采石场周围的土地买下一大片来并一直让它闲置。表面看起来，这种投资完全是一种资金的闲置和浪费，实乃"蠢举"，不过，他买下土地的目的是为了斩断房地产开发商在采石场周围建房盖楼的念头。只需往深处再想想，若一旦采石场周围建房盖楼后就会住进许多住户，住户们就会联合起来设诉采石场的爆破扰民，石场便很可能被禁止开采，断了老板的财路，故采石场主才不惜投入重金以绝后患。而只要采石场能生存下去，就会带来滚滚财源。

看起来"傻"的人未必就是真傻，别人感觉到不可思议的事，他们都是置若罔闻。事实上，他们是有目的的"傻"，他们做事很有自己的条理性，并非是心血来潮。事实证明，这些看似愚蠢之极的想法，往往能取得意想不到的成果。

5. "自认聪明"有时就是一种错误

生活中，我们总能看到一些高谈阔论的人。他们总是炫耀自己的才能多么的出众，如果能按他说的计划实行，必然能成就一番大事。这些人滔滔不绝，在自己空想的领域里如痴如醉。然而，在旁人看来，是非常愚蠢和可笑的。

罗马执政官马西努斯围攻希腊城镇帕伽米斯的时候，由于城高墙厚，士兵们死伤惨重却仍然未能攻占这座城镇。最后，马西努斯发现城门是最薄弱的环节，于是打算集中兵力猛攻城门，但要攻打城门就必须要用到撞墙槌，当时军中并没有这种器械。马西努斯想起几天前他曾在雅典船坞里看到过两根沉甸甸的船桅，就马上下令把其中较长的一根立刻送来。

然而，传令兵去了多时，桅杆仍未送达。原来是军械师与传令兵发生了争执。军械师认为短的那根桅杆才能真正发挥作用，不但攻城效果比长的那根要好，而且运送起来也方便，他甚至花了不少时间画了一幅又一幅图纸来证明自己的专业，而传令兵则坚持执行命令，既然上司要长桅杆，他的任务就是把长桅杆送到上司面前。

面对军械师喋喋不休的说辞，传令兵不得不警告他，他们的领袖是不容争辩的，他们了解领袖的脾气，军械师终于被说服了，他选择了服从命令。在士兵离开以后，军械师越想越觉得自己的想法是正确的，他觉得服从一道将导致失败的命令是毫无意义的，于是，他竟然违抗命令送去了较短的船桅。他甚至幻想着这根短桅杆在战场上发挥功效，使领袖不得不赏赐他许多战利品以赞扬他的高明。

马西努斯见送来的是那根短的桅杆很生气，马上召来传令兵，要他对情况做出合理的解释。传令兵忙向他汇报说军械师如何费时费力地与他争辩，后来还承诺要送来较长的桅杆。马西努斯对这名军械师的自以为是深感震怒，于是，他下令马上把这名军械师带到他面前来。

又过了几天，军械师才到达，他没有察觉到领袖的震怒，反而为能够亲自向领袖阐述自己的正确理论而扬扬得意。他仍然以专家自居，滔滔不绝地说了许多专业术语，并表示在这些事务上专家的意见才是明智的。马西努斯见军械师仍然不改其说大话的老毛病，十分生气，立刻叫人剥光他的衣服，用棍子活活地将他打死。

这名军械师可能死后也不会搞懂自己错在什么地方，他设计了一辈子的桅杆和柱子，还被推崇为这方面最好的技师，凭他的经验，他知道自己是对的，因为较短的撞墙槌速度快、力道强，更适合攻城。他可能永远也没办法想通，他费尽口舌向统帅解释了大半天，为什么统帅仍然坚持他的无知呢？

在现实生活中随处可见像军械师这样的好辩者。他们的言词从来都或多或少总带点偏向性。有些人是天生的辩论狂，太过于争强好胜了，整天只知要与比自己地位高的人争辩，或总是找机会责难比自己有权有势的人的聪明才智，他似乎已经忘记面对的是什么人物。面对这些人物，徒逞口舌之利是毫无用处的，他只要说一个字就能封住你的嘴，因为权势掌握在他人手里。每一个人都相信自己才是真理的拥有者，为此，他们常常争论不休，但他们却不知道，言辞是很苍白无力的，它很少能说服他人改变立场，就算是口若悬河的诡辩家也挽救不了自己的命运。所以说，逞口舌之利是毫无意义的，不但不能改变别人的立场，反而把自己逼上绝路，一个明智的人应该学会以间接的方式证明自己想法的正确性。

6. 纪晓岚巧答嘉庆帝

人生难得糊涂，这种糊涂是一种智慧、一种委婉、一种深谋远虑。这种糊涂往往比那些直言不讳更容易让人接受，更能适应现实。

嘉庆皇帝登基后，对前朝的很多遗留问题进行了解决，并且有意提拔几位曾为父王作过贡献却被奸臣排挤、打击的官员。但这种破格提拔的事在清朝历代都是史无先例的，群臣对此反应不一。嘉庆帝拿不定主意，便问老臣纪晓岚。纪晓岚沉吟良久，说道："万岁，老臣承蒙先帝器重，在朝为官已经数十载。从政，从未有人敢以钱财贿赂我；撰文辑注我也从不收他人之礼，之所以会这样，正是由于我不谋私、不贪财。但有一事例外，若是亲友有丧，请求老臣为之点主或作墓志铭时，对于他们所馈赠的礼金，不论多少，我是从不拒绝的。"

嘉庆皇帝听完纪晓岚的一番陈述后感到莫名其妙，思量再三，才点头称许，于是下定决心破格提拔这批官员。

纪晓岚用旁敲侧击之法，提出自己赞成皇帝应该放下包袱、大胆去做的建议。纪晓岚的一番话听起来让人不解其意，但仔细琢磨里面却大有文章。既然为官清廉，为什么对为亲友之丧事点主、作墓志铭所得的礼金概不拒绝呢？言外之意其实就是说明为推崇祖宗的恩德是不用有任何顾忌的。换言之，嘉庆皇帝破格提拔曾为先帝作过贡献的官员，也是为祖宗推恩，弘扬先帝的德化的，也是不必顾忌的。聪明的嘉庆帝正是在纪晓岚的旁敲侧击下悟出了其中的道理。

纪晓岚久居官场，才思敏捷，而嘉庆皇帝秉性聪慧，好自作主张。俗话说"伴君如伴虎"，用这种既委婉又让皇帝明白的方法阐述自己的观点，适合了皇帝的性格，更可以使自己的建议容易被采纳。这正体现出了纪晓岚一石二鸟的"糊涂"。

第六章
积极进取，方能愈战愈勇
——"男子汉"发力篇

　　成功的基础是态度，态度比能力更重要。由于每个人的个性、天赋、才能、所处的环境等不同，我们所要做的，是要认真分析自己的特点，找出适合自己做的事情，而不是抱怨自己，更不能抱怨别人，不论在什么情况下，不论遇到什么困难，都要有一个积极向上的人生态度去对待，体现出你的宽容、自信、乐观、开拓、进取和忠诚。在复杂的环境中保持积极的人生态度，需要自我激励，要认可自己，鼓励自己，正视自己，积极地支配和控制自己的人生。积极的态度肯定会改善一个人的日常生活，使它充满生机；相反，消极的态度则必败无疑，使一个人逐渐走向堕落。

Part1 "精诚所至，金石为开"——坚持不懈

1. 石头上的水滴

"锲而舍之，朽木不折；锲而不舍，金石可镂。"一个人只要有恒心，迈着坚定的步伐，义无反顾地向前走，最终会沐浴到胜利的光辉。生活告诉我们：做事要有恒心，持之以恒才能摘取成功的果实。

有一块石头上的水滴要和汹涌的浪涛比比谁的力气大，看谁能把石头穿透。浪涛很自信，因为石头上的水滴和他相比实在是太渺小了。但是石头上的水滴毫不气馁，他们约定一个月后见分晓，然后便各自努力去了。石头上的水滴想：既然我没有浪涛的劲儿大，我就必须付出比他多的时间才能取得胜利！想完，他就开始不断地向下滴水，任滴下的水在石头上溅出美丽的小水花，他仍是不间断地滴着滴着……而浪涛呢？他想：石头上的水滴哪有什么力气呀，他实在太渺小了，跟我比，他真是螳臂挡车——自不量力！瞧着吧，我只要使劲一涌，石头就会粉身碎骨了！想罢，他就开始玩耍了，他只等着在最后那天"发力"了……

两个星期过去了，石头上滴得水已经把石头滴出了一个坑了；而浪涛却还在玩耍，似乎已经把比赛的事抛于九霄云外了。最后一天，石头上的水滴经过不懈努力，终于将石头滴穿了；而浪涛使出全身的力气，最终却没能如愿以偿的将石头穿透，更别说是使石头粉身碎骨了！

做事情除了有自信心外还必须有恒心，只有坚持不懈，才能把事情做

好。以上这个故事正是"滴水能把石穿透，万事功到自然成。"这句谚语的完美体现。

2. 每天甩手 300 下

人生就像马拉松，瞬间的爆发并不会取得胜利，中途的坚持才是成功的关键。你纵有千百个理由放弃，也要给自己找一个坚持下去的理由。很多时候，成功就在于多坚持一分钟，这一分钟不放弃，下一分钟就会有希望。再苦再累，只要坚持走下去，属于你的风景终会出现。

开学第一天，古希腊大哲学家苏格拉底对学生们说："今天咱们只学一件最简单也是最容易做的事。每个人把胳膊尽量往前甩，然后再尽量往后甩。"说着，苏格拉底示范做了一遍："从今天开始，每天做 300 下。大家能做到吗？"

学生们都笑了。这么简单的事，有什么做不到的？过了一个月，苏格拉底问学生们："每天甩手 300 下哪个同学坚持了？"有 90% 的同学骄傲地举起了手。又过了一个月，苏格拉底又问，这回，坚持下来的学生只有八成。

一年过去了，苏格拉底再次问大家："请告诉我，最简单的甩手运动，还有哪几位同学坚持了？"这时，整个教室里，只有一个人举起了手。这个学生就是最后成为古希腊另一个大哲学家的柏拉图。

世间最容易的事就是坚持，最难的事也是坚持。说它容易，是因为只要愿意做，人人都能做到；说它难，是因为真正能够做到的，终究只是少数人。成功在于坚持。

3. 游上高原的鱼

叛逆的青春是可爱的，胡闹的青春却是可怕的。年轻人的叛逆、反省、反思，有时能够产生很多创意和发明。但如果对所有问题的思考都是浅显的，那所有的叛逆带给国家及个人命运的，可能不是想象中"加分"的效果，很可能就会自取灭亡。

水从高原流下由西向东，渤海口的一条鱼逆流而上。它的游技很精湛，因而游得很精彩，一会儿冲过沙滩，一会儿划过激流，它穿过了湖泊中层层的渔网，也躲过无数水鸟的追逐。它逆行了著名的壶口瀑布，堪称奇迹。又越过了激水奔流的青铜峡谷，博得了众鱼的齐声喝彩，它不停地游，最后穿过山涧，挤过石罅，游上了高原。然而，它还没有来得及发出一声欢呼，瞬间却冻成了冰。若干年后，一群登山者在唐古拉山的冰块中发现了它，它还保持着游动的姿势，有人认出这是渤海的鱼。

一位年轻人感叹，说这是一条勇敢的鱼，它逆行了那么久那么远。

一位长者为之叹息，说这的确是一条勇敢的鱼，然而它只有伟大的精神却没有正确的方向，它极端逆向的追求，最后得到的只能是死亡。

谁都有过逆反的年龄，有过逆反的举动，逆反是生活中不可缺少的精神，但逆反必须遵从自然规律和历史规律，否则历尽艰辛得到的只能是毁灭。

4. 五次面试才进入微软

骐骥一跃，不能十步；驽马十驾，功在不舍。同样，成功的秘诀不在于一蹴而就，而在于你是否能够持之以恒。

有位年轻人去微软公司应聘，而该公司并没有刊登过招聘广告。见总经理疑惑不解，年轻人用不太娴熟的英语解释说自己是碰巧路过这里，就贸然进来了。总经理感觉很新鲜，破例让他一试。面试的结果不如人意，年轻人表现糟糕。他对总经理的解释是事先没有准备，总经理以为他不过是找个托辞下台阶，就随口应道："等你准备好了再来试吧。"

一周后，年轻人再次走进微软公司的大门，这次他依然没有成功。但比起第一次，他的表现要好得多。而总经理给他的回答仍然同上次一样，"等你准备好了再来试。"就这样，这个青年先后5次踏进微软公司的大门，最终被公司录用，成为公司的重点培养对象。

在挫折面前，我们应该以勇敢者的气魄，坚定而自信地对自己说一声"再试一次！"再试一次，你就有可能达到成功的彼岸！

Part2 "人误地一时，地误人一世"——把握现在

1. 从现在起，不要浪费时间

英国著名作家劳伦斯曾经说过："一个人若能对每一件事都感到兴趣，能用眼睛看到人生旅途上、时间与机会不断给予他的东西，并对于自己能够胜任的事情，决不错过，在他短暂的生命中，将能够撷取多少的奇遇啊。"事实就是如此，不管是学习还是工作，只要我们将自己的时间合理支配和利用，不仅会使自己的成绩出色，更难得的是还能得到他人的赞许和认可，令自己的心志更加坚定，生活更加充实。

爱迪生一生只上过三个月的小学，他的学问是靠母亲的教导和自修得来的。他的成功，应该归功于母亲自小对他的谅解与耐心的教导，才使原来被人认为是低能儿的爱迪生，长大后成为举世闻名的"发明大王"。爱

迪生从小就对很多事物感到好奇，而且喜欢亲自去试验一下，直到明白了其中的道理为止。长大以后，他就根据自己这方面的兴趣，一心一意做研究和发明的工作。他在新泽西州建立了一个实验室，一生中共发明了电灯、电报机、留声机、电影机、磁力析矿机、压碎机等等总计两千余种东西。爱迪生的强烈研究精神，使他对改进人类的生活方式，作出了重大的贡献。"浪费，最大的浪费莫过于浪费时间了。"爱迪生常对助手说，"人生太短暂了，要多想办法，用极少的时间办更多的事情。"一天，爱迪生在实验室里工作，他递给助手一个没上灯口的空玻璃灯泡，说："你量量灯泡的容量。"说完他又低头工作了。过了好半天，他问："容量多少？"他没听见回答，转头看见助手拿着软尺在测量灯泡的周长、斜度，并拿了测得的数字伏在桌上计算。他说："时间，时间，怎么浪费那么多的时间呢？"爱迪生走过来，拿起那个空灯泡，向里面斟满了水，交给助手，说："里面的水倒在量杯里，马上告诉我它的容量。"助手立刻读出了数字。爱迪生说："这是多么容易的测量方法啊，它又准确，又节省时间，你怎么想不到呢？还去算，那岂不是白白地浪费时间吗？"助手的脸红了。爱迪生喃喃地说："人生太短暂了，太短暂了，要节省时间，多做事情啊！"

　　时间是最公正的裁判，不管你是富有的还是贫穷的，都会公平地分配给你大好的时光，一年365天，一天24小时，八万六千四百秒，不多不少，就看你如何合理安排了，也许有人会在一天里创造出一项伟大的发明或是研究发现一种新的元素，也许有人会在一天里碌碌无为、虚度时光。那怎样才能做到珍惜时间呢？就要看谁更勤勉了，不让一天闲过，每时每刻做些有用的事，戒掉一些不必要的行动，这样你才会成为时间的主人，时间也才会对你微笑。

2. 时间是挤出来的

人的一生要脚踏实地的前进，跳跃式的行走方式只会让自己偏离轨道。至于以什么样的步法、什么样的速度，都在我们自己掌控之中。我们要学习鲁迅视时间为生命的良好习惯，让自己生命中的每一分、每一秒都发挥出最大的价值，只有这样，我们的人生才会丰富多彩。

鲁迅的成功，有一个重要的秘诀，就是珍惜时间。鲁迅十二岁在绍兴城读私塾的时候，父亲正患着重病，两个弟弟年纪尚幼，鲁迅不仅经常上当铺、跑药店，还得帮助母亲做家务；为不影响学业，他必须做好精确的时间安排。此后，鲁迅几乎每天都在挤时间。他说过：时间，就像海绵里的水，只要你挤，总是有的。鲁迅读书的兴趣十分广泛，又喜欢写作，他对于民间艺术，特别是篆刻、绘画，也深切爱好；正因为他广泛涉猎，多方面学习，所以时间对他来说，实在非常重要。但他每天都要工作到深夜，第二天起床后，有时连饭也顾不得吃，又开始工作，一直到吃晚饭时才走出自己的工作室，实在困了，就和衣躺到床上打个盹，醒后泡一碗浓茶，抽一支烟，又继续写作，鲁迅习惯以各种形式鞭策自己珍惜时间。在鲁迅的卧室墙上挂着勉励自己珍惜时间的对联及自己最崇敬的人。鲁迅最讨厌那些成天东家跑跑，西家坐坐，说长道短的人。

美国人说，时间就是金钱。但鲁迅说：时间就是性命。倘若无端的空耗别人的时间，其实是无异于谋财害命的。因此，在他忙于工作的时候，如果有人来找他聊天或闲扯，即使是很要好的朋友，他也会毫不客气地对人家说："唉，你又来了，就没有别的事好做吗？"

至今还记得上小学时语文老师对我们说过的一句话"珍惜时间就等于珍惜生命，浪费时间就像是慢性自杀"。的确是这样，我们只有充分地利用好每一分每一秒，才能不断地为成功做好充足的准备。时间对每个人都是公平的，而机会向来都是偏向于有准备的人。有志的人、聪明的人，懂得主动去挤时间，只有懒惰的人、糊涂的人才会无视时间、浪费时间。

3. 最珍贵的生日礼物

时间对于经济学家来说就是打开财富宝藏的钥匙；对于历史学家来说是博古通今的时光机；对于画家来说就是描绘时间美景的金画笔……随着科技时代的到来，时间越来越被人们重视，生活懒惰，懈怠时间的人最终将会被社会淘汰出局。珍惜时间就是珍惜生命，生命对于每个人都很重要，我们每个人都应好好地珍惜时间，创造自己的生命价值。

今天是唐明 10 岁的生日，往年的生日都是在父母的陪伴下开心地度过，"去年是去的海洋馆，前年是去的野生动物园，大前年是水上乐园……"一大早，唐明就边回忆往年的生日场景边期盼父母今天给自己的生日礼物。

但令唐明不解的是，妈妈一大早就把他带到了奶奶家，在那里漫无生气地过了一整天，谁也没有和他提起过生日的事。唐明既失望又生气，在回家的路上一直绷着脸不说话。唐明的妈妈看出了儿子的心思，侧身转向唐明语重心长地对他说："明明，在你出生的时候你爸爸 35 岁，那时他已经是大学里的讲师，如今他 45 岁了，但依然没有停止过学习的步伐，仍然在争分夺秒的学习，积极参加各种培训、考试，增强自己的工作能力。今天爸爸的工作单位有一个非常重要的考试，为了不让他分心，妈妈放弃了给你过生日，时间对他来说实在是太宝贵了。请你理解爸爸妈妈，好吗？虽然你现在还小，但也要学会像你爸爸一样珍惜时间，它对任何一个人来说都是非常宝贵的，因为时间是只会流失，不会倒回的……"

唐明听完妈妈的这番话后，认真地点了点头。

岁月如梭，转眼间已经过了 15 年，昔日的毛头小子已经是剑桥大学的高材生了。在唐明接到剑桥录取通知书的时候，他对爸爸说道："在我10岁生日的当天，妈妈对我说的那番话是世界上最宝贵的生日礼物，是它成就了我的现在和未来。从那时起，我就把您当成了我学习的榜样，虽然您和妈妈没有为我过生日，但是你们用另一种方式教我认清了生命中最无价的东西——时间。由于我重视了它，才能有机会取得今天的成就，而这份成就更是属于您和妈妈的，因为是你们让我抓住了时间。"

世界上最短暂的东西就是时间，你呼吸一次，几秒钟便过去了，你听听音乐，看看杂志，几分钟便消失了。人不能改变时间，但可以掌握时间、节约时间，能否珍惜时间，充分利用时间，对一个人将来的命运有着决定性作用。

4. "生死"30秒

失败的人，对于短暂的人生，往往抱着"今朝有酒今朝醉，醉生梦死"的态度，把时间都在嬉戏中度过，像寄生虫一般。而成功的人深深懂得"盛年不再来，一日难再晨"，于是痛感"时不我待"，整天埋头于工作和学习中，使生命的分分秒秒都过得充实，都在发光发热，这也正体现了爱迪生的一句话："人生太短，要干的事情太多，我要争分夺秒。"

在美丽的草原上，曙光刚刚划破夜空，一群黄羊从睡梦中惊醒。"新的一天开始了，我们得抓紧时间跑，如果被猎豹发现了，就可能被吃掉!"于是，黄羊群起身向着太阳升起的方向飞奔而去……

几乎在黄羊群奔向远方的同时，一只猎豹也惊醒了，它起身摇摆了几下自己壮实的身躯以抖去身上的灰尘，"已经有两天没吃东西了，我得立即开始寻找昨晚没有追上的猎物，如果今天还追不上它，我可能会饿死!"猎豹望着太阳升起的方向，大吼一声，狂奔而去……

就这样，每当一天刚刚开始，地球上便出现了一幅壮观的景象：

猎豹紧紧追赶着黄羊群，它们各自拼命地奔跑，在它们身后扬起滚滚黄尘……

这场追逐的结局只有两种情况——黄羊快，猎豹可能会饿死；猎豹快，黄羊就会被吃掉……但是，哪怕黄羊只比猎豹早跑上30秒，就有可能保全性命，这30秒就意味着黄羊或猎豹是活着还是死去……

"时间就是生命"、"时间就是效率"、"时间就是金钱"、"一寸光阴一寸金，寸金难买寸光阴"，诸如此类的描述我们每个人都可以脱口而出。对待时间的态度，可以决定我们的命运，并且显示巨大的不同。我们的手中，握着的可能是失败的种子，也可能是成功的无限潜能，答案需要我们自己选择——随波逐流将一事无成，全力以赴便会前程锦绣，让瞬间创造永恒，成功从我们珍惜时间开始！

5. 国王的困惑

有些人，常常在失败时自艾自怜，认为自己是可怜可悲的，对今后的生活失去了信心，却从没有想过从问题的源头寻找原因。又有些人优柔寡断，在下定决心做某事之前，却又开始幻想着遵循这些目标做事之后，自己会变得如何如何，今后又会怎样怎样。就在这样的可笑的幻想中，迷失了自己。

有位国王想励精图治，但他的心中装着三个问题，他认为只要能够回答好这三个问题，自己就可以治理好这个国家。这三个问题是：

第一，如何预知最重要的时间？

第二，如何确知最重要的人物？

第三，如何辨明最紧要的任务？

国王要求群臣来回答这三个问题，于是群臣献策说，把时间支配得正确，最好是列表；国家最重要的任务是培养教师或科学家；而当务之急是弘扬科学与严明法律。

然而，国王对这些答案却并不满意，他听说城外有一个隐士，聪明绝顶，于是他决定去向那个隐士请教。

当国王找到隐士的时候，隐士正在耕地，他向隐士提出了这三个问题，但隐士并没有回答他。这个隐士挖土累了，国王就帮他的忙，天快黑时，远处忽然跑来一个受伤的人，于是国王与隐士把这个受伤的人先救下来，包扎好伤口，抬到隐士家里。由于天色已晚，国王也就住在了隐士家里，与隐士一同照料这个伤者。

翌日醒来，这位伤者看了看国王说："我是你的敌人，我昨天知道你来访问隐士，就准备埋伏在半路杀了你，但是很不幸，我被你的卫士发现了，他们追捕我，我受了伤逃过来，却正遇到你。感谢你的救助，现在，我不再是你的敌人了，我要做你的朋友。"

多了一个朋友，让国王感到很欣慰，但他的疑惑还没有解决，于是他再去向隐士请教。隐士说："我已经回答你了。"国王说："你回答了我什么？"隐士说："你如不怜悯我的劳累，因帮我挖地而耽搁了时间，你昨天回程时，就被他杀死了。你如不怜恤他的创伤并且为他包扎，他不会这样轻易地臣服你。所以你所问的最重要的时间是'现在'，只有现在才可以把握；你所说的最重要人物是你'身边的人'，因为你立刻可以影响他。而世界上最重要的是'爱'，没有'爱'，活着还有什么意思？"

把握现在，将来美好的前程是无可限量的，但是，未来的道路上也有未知的艰难困苦，我们无法预知。只有真正地一个脚印一个坑，每天为自己定个小目标，逐步实现它，在一天一天中，充实自己，改善自己，充分利用自己所有的资源能力，才能真正实现自己的最终目标。

6. 一无所获的打猎

人做不好事不是你的做事能力差，而是你没有认认真真把事情做到最后，如果你能一心一意做事并坚持到最后，你就一定会把事情做成。做到做事有始有终是有毅力的表现，是做好事情的前提，半途而废将一事无成。

在战国时期，秦国有个叫子争的人，他是天下闻名的神箭手，能在百步之外射中杨树枝上的叶子，并且百发百中，人们管他的这手本事叫作"百步穿杨"。正巧，当时的秦王也非常爱好射箭，他很羡慕子争的射箭本领，于是就请子争来教他射箭。

秦王兴致勃勃地跟着老师子争练习了半年，渐渐觉得自己的水平已经很不错了，于是就邀请自己的老师子争跟他一起到野外去打猎。

秦王骑在马上，仆人把躲在芦苇丛里的野鸭子赶了出来。正在秦王挽弓搭箭要射这只野鸭子时，忽然从他的左边跳出一只山羊。秦王心想，一箭射死山羊，可比射中一只野鸭子划算多了！于是秦王又把自己的弓箭对准了山羊，准备射它。可是正在此时，右边突然又跳出一只梅花鹿。秦王又想，若是射中罕见的梅花鹿，价值比山羊又不知高出了多少，于是秦王又把箭头对准了梅花鹿。忽然，大家一阵子惊呼，原来从树梢飞出了一只珍贵的苍鹰，振翅往空中蹿去。秦王又觉得还是射苍鹰好。

可是，当秦王正要瞄准苍鹰时，苍鹰早就飞出了秦王的射程之外了。秦王只好回头来射梅花鹿，可是梅花鹿也逃走了。再回头去找山羊，山羊也早溜了，就连那只野鸭子，也不知道躲到哪里去了。结果秦王拿着弓箭比划半天，什么也没有射着。

故事中的秦王就像是小学课本中《小猴子下山》一文中的小猴子，喜新厌旧、见异思迁，最终一无所获。只有珍惜自己的每一刻，杜绝见异思迁，才能给自己找准成功的方向和动力。

7. 价值 1 美元的时间

时间的价值对于每个人都是不一样的，有的人的时间比较廉价，有的人的时间比较昂贵。不管是廉价的还是昂贵的，浪费时间就是浪费了生命。

本杰明·富兰克林是美国资产阶级民主主义思想家、杰出的政治活动家、出色的文学家，同时也是一位卓越的物理学家。当年，富兰克林曾经在《新英格兰报》承担排字、校对等工作。

有一天，在富兰克林所在报社前面的书店里，一位犹豫了将近一个小时的男人终于开口问店员："这本书多少钱？"

"1 美元。"店员回答。

"1 美元？"这人又问，"你能不能少要点？"

"它的价格就是 1 美元。"

这位顾客又看了一会儿，然后问："富兰克林先生在吗？"

"在，"店员回答，"他在印刷室忙着呢。"

"那好，我要见见他。"这个人坚持一定要见富兰克林。于是，富兰克林就被叫了出来。

这个人问："富兰克林先生，这本书最便宜能卖多少钱？"

"2 美元。"富兰克林不假思索地回答。

"2 美元？你的店员刚才还说 1 美元一本呢！"

"这没错，"富兰克林说，"但是，您打断了我的工作，我宁愿给您 1 美元也不想自己在工作的时候被人打断。"

这位顾客惊异了。他心想，算了，结束这场自己引起的谈判吧，他说："好，那就 2 美元吧。"

"不，您需要付3美元。"

"又变成3美元？你刚才不还说2美元吗？"

"对。"富兰克林冷冷地说，"但是您又耽误了我两分钟时间。"这人默默地把钱放到柜台上，拿起书出去了，在走的时候，他若有所思，因为富兰克林彻底改变了他的时间观念。

时间就是金钱，时间就是生命，既然时间可以用金钱来衡量，那么，时间应该不是免费的！富兰克林明白，珍惜时间就是珍惜生命，因此，他才会做出这种类似"奸商"的事情。对于弗兰克林的时间观念，那个男人若有所思，那我们呢？我们本身不是也常常像那个男人一样为了一点点蝇头小利而斤斤计较，却完全不曾注意到时间正在自己的身边飞速流逝吗？从现在起，珍惜时间吧，因为时间就是我们的生命。

Part3 "书山有路，学海无涯"——努力学习

1. 知识是自己的"黄金装备"

爱好读书的兴趣不是天生的，阅读的习惯也不是一成不变的，它会受到传统、时局、教育、职业、兴趣或其他原因的影响。所以爱书之人总是一次次地沉溺在不同的领域，并把各种互不相关的知识糅合到自己的思想当中——你用自己的方式去理解知识，知识却在悄悄改变你的生活方式。

亚伯拉罕·林肯，美国历史上第16任总统，被美国的权威期刊《大西洋月刊》评为影响美国的100位人物第1名。在林肯的一生当中，接受学校教育的时间不超过两个月，并且没有正式的教师。肯塔基森林内的萨加林·伯尼和卡里伯·哈吉尔，印第安纳州的亚吉尔·都赛和安德鲁·克诺

福都是巡回小学教师，他们从这个拓荒者的屯垦区流浪到另一个屯垦区，只要当地的拓荒者愿意以火腿及玉米来交换他们教导小孩子们"读、写、算"，他们就留下来。林肯只从他们身上获得很少的帮助及启蒙，他的生活环境对他的帮助也不多。

林肯在伊利诺伊州第八司法区所结识的那些农夫、商人、律师及诉讼当事人，都没有特殊或神奇的语言才能，但林肯并未把他的时间全部浪费在这里。他可以把柏恩斯、拜伦、布朗宁的诗集整本背诵出来，还曾写过一篇评论柏恩斯的演讲稿。他在办公室放了一本拜伦的诗集，另外，又准备了一本放在家里。办公室的那一本，由于经常翻阅，只要一拿起来，就会自动摊开在《唐璜》那一页。当他进入白宫之后，内战的悲剧负担消磨了他的精力，在他的脸上刻下深深的皱纹，但他仍然经常会抽空拿本英国诗人胡德的诗集躺在床上翻阅。有时候他在深夜醒来，随手翻开这本诗集，会凑巧看到对他有特别启示或令他感到高兴的一些诗，这时他会立刻起床，身上仅穿着睡衣，脚穿拖鞋，悄悄找到他的秘书，然后把一首又一首的诗念给他的秘书听。他在白宫时，也会抽空复习他早已看熟的莎士比亚名著，也会批评一些演员对莎剧的看法，提出他自己独特的见解。

林肯热爱诗句，他不仅在僻静处背诵及朗诵那些诗句，也公开背诵及朗诵，甚至还试着去写诗。他曾在他妹妹的婚礼上朗诵他自己的一首长诗。在中年时期，他把自己的作品写满了整本笔记簿，但他对这些创作没有信心，他甚至不允许最好的朋友去翻阅。

罗宾森在他的著作《林肯的文学修养》一书中写道："这位自修成功的人物，用真正的文化素材把他的思想包扎起来，可以称之为天才或才子。他的成就过程，和艾默顿教授描述文艺复兴运动领导者之一的伊拉斯莫斯的教育情形一样，他已离开学校，但他以唯一的一种教育方法来教育自己，并获得成功，这个方法就是永不停止地研究与练习。"不断地学习，不断地用知识来充实自己，最终成就了林肯的伟大的一生。

2. 清华食堂出来的"高材生"

学习成功，是人生成功的第一步。学会学习，就是在学会成功。哈佛大学校长讲"树根理论"时说道："如果将人看作一棵树，学习力就是树的根，也就是人的生命之根。我们评价一个人在本质上是否具有竞争力，不是看这个人在学校时的成绩好坏，也不是看他的学历有多高，而是要看这个人有多强的学习力。"

1993 年，张立勇辍学到广州打工挣钱为家里还债。1996 年在叔叔的介绍下，他来到北京，并直接到清华大学食堂做了一名卖馒头的临时工。在清华，张立勇每天晚上都会去听一些大师和名人的演讲，有的时候下班比较晚，只能站在后面听一些结尾，在听这些大师和名人演讲的时候，也让张立勇得到了迅速的成长。为了学好英语，每天早上 6 点多起床练习，同时还参加清华大学一些英语俱乐部和英语角活动。最后通过自己努力学习通过了大学英语/四六级考试，参加托福考试竟然考了 630 分，这个分数比很多清华在校学生考的还高。一时间，在清华大学引起了轰动，在水木清华的 BBS 上，张立勇的话题瞬间成为了热点，有人在 BBS 上留言：要说还是清华卧虎藏龙，少林有"扫地僧"，清华有"馒头神"。

关于张立勇的故事一时间在各大高校的论坛飞一样地传开了，媒体开始关注张立勇，渐渐地，社会各界开始知道张立勇。2004 年 10 月，共青团中央向张立勇颁发了"中国青年学习成才奖"，他成为团中央树立的全国十大杰出学习青年之一，还受到中央电视台"东方之子""面对面""新闻会客厅"等有影响的栏目和 100 多家媒体的采访报道。张立勇之所以能有这样的成就，也归功于他的学习力。张立勇在接受记者采访时也说，学习真的可以改变命运，也倡导大家用学习的力量来改变自己的命运。

张立勇的故事告诉我们：学习是可以改变自己的命运的。俗话说：书山有路勤为径，学海无涯苦作舟，活到老学到老。年轻人应该学习我们需要学习和应该学习的东西，只有这样通过不断的学习来武装自己，才会适应社会的发展，所以不要给自己找任何拒绝学习的借口，抓紧一切可以学习的时间努力学习。

3. 嗜书如命的高尔基

古人云："外物之味，久则可厌；读书之味，愈久愈深。"书读得越多，便越能体会到读书的乐趣。书是一生中最重要的伙伴，它带给了人们欢乐与知识，虽然书并不能言语，但是它却能通过文字与我们交流！雨果曾说过："书籍是朋友，虽然没有热情，但是非常忠实。"

高尔基出生在沙俄时代的一个木匠家庭，4岁丧父，寄养在外祖母家。因为家境极为贫寒，他只读过两年小学。10岁时就走入冷酷的"人间"。他当过学徒、搬运工人、守夜人、面包师。还两度到俄国南方流浪，受尽苦难生活的折磨。但他十分喜欢读书，在任何情况下，他都要利用一切机会，扑在书上如饥似渴地读着。如他自己所说，我扑在书上，就像饥饿的人扑在面包上一样。他为了读书，受尽了屈辱。10岁时在鞋店当学徒，没有钱买书，就到处借书读。那时的学徒，实际上是奴仆，上街买东西、生炉子、擦地板、洗菜带孩子……每天从早晨干到半夜。在劳累一天之后，用自制的小油灯，坚持读书。老板娘禁止高尔基读书，还到阁楼上搜书，搜到书就撕碎。因为读书，还挨过老板娘的毒打。高尔基为了看书，什么都能忍受甚至甘愿忍受拷打。他说过："假如有人向我提议说：'你去广场上用棍棒打你一顿'，我想，就是这种条件，我也可以接受的。"

有一次，他的房间失火了，他首先抱起的是书籍，其他的任何东西他都不考虑。为了抢救书籍，他险些被烧死。他说，书籍一面启示着我的智慧和心灵，一面帮助我在一片烂泥塘里站起来，如果不是书籍的话，我就会沉没在这片泥塘里，我就要被愚蠢和下流淹死。

就这样，在极端艰难困苦的环境里，高尔基发奋自学，从而具备了很高的文化水平和渊博的学识，为他的文学创作打下了坚实的基础。最终成为了俄国社会主义、现实主义文学的奠基人，被列宁称为"无产阶级艺术最杰出的代表"。

良好习惯的养成不是一蹴而就的，我们应该经常让自己陶醉于书的海洋，领略那里面的独特风景，因为好的图书可以培养我们良好的行为习惯和高尚的道德思想，书本上的知识会在潜移默化中影响着我们的人生态度和生活习惯。

4. "特别"老鼠

大脑是用来思考的，会用大脑的人，不但能够做成他想做的事情，也更清楚地知道他该往何处去，这样才可以成为一个从容地掌握自己命运的人。人生一辈子可以有许许多多的清闲，但是唯一不该清闲的就是大脑。因为任何天才或任何成功都是与擅长用脑密不可分的。

在远方的一个国家，有两个非常杰出的木匠，他们的手艺都很好，难以分出高下。

有一天，国王突发奇想："到底哪一个才是最好的木匠呢？不如我来办一次比赛，然后封胜者为'全国第一的木匠'。"

于是，国王把两位木匠找来，为他们举办了一次比赛，限时三天，看谁刻的老鼠最逼真，谁就是全国第一的木匠，不但可以得到许多奖品，还可以得到册封。

在那三天里，两个木匠都不眠不休地工作。到了第三天，他们把已雕好的老鼠献给国王，国王把大臣全部找来，一起做本次比赛的评审。

第一位木匠刻的老鼠栩栩如生、纤毫毕现，甚至连鼠须也会抽动。

第二位木匠刻的老鼠则只有老鼠的神态，却没有老鼠的形貌，远看勉强是一只老鼠，近看则只有三分像。

胜负即分，国王和大臣一致认为第一个木匠获胜。

但第二个木匠当廷抗议，他说："大王的评审不公平。"

木匠说："要决定一只老鼠是不是像老鼠，应该由猫来决定，猫看老鼠的眼光比人还锐利呀！"

国王想想也有道理，就叫人到后宫抱几只猫来，让猫来决定哪一只老鼠比较逼真。

没有想到，猫一放下来，都不约而同扑向那只看起来并不十分像的"老鼠"，啃咬、抢夺；而那只栩栩如生的"老鼠"却完全被冷落了。

事实摆在面前，国王只好把"全国第一"的称号给了第二个木匠。

事后，国王把第二个木匠找来，问他："你是用什么方法让猫也以为你刻的是老鼠呢？"

木匠说："大王，其实很简单，我只不过是用鱼骨刻了只老鼠罢了！猫在乎的根本不是像与不像，而是腥味呀！"

人人都清楚，人身上最宝贵的资源是大脑，人的任何行动都是靠大脑支配的，因此人人都要学会使用自己的大脑，不但用它来学习、读书、工作、娱乐、做好日常琐事，还要使用它来控制自己的心情、身体和精神。一个人只有用好大脑，他才是聪明的。

5. 巴尔扎克与老太太

勤奋好学是求知启智的根本途径，也是育人成才的重要条件。古人云"学无止境。"学习是人类在认识与实践过程中获取经验和知识，掌握客观规律，使身心获得发展的社会活动。学习的本质是人类个体和人类整体的自我意识与自我超越；学习也是人类文明延续和发展的桥梁和纽带。勤奋好学包括"勤奋"和"好学"两个方面。所谓"勤奋",指的是做事努力不懈;"好学",指的是喜爱学习。勤奋好学就是说努力学习。人非生而知之者,一个人的学识,不是生来就有的,也不会凭空产生的,只有经过后天的刻苦学习才能获取。

巴尔扎克是法国著名的文学巨匠。他与一名年逾古稀的老太太之间,曾发生过一件趣事。一天,一名年逾古稀的老太太拿着一本破旧的作文簿问巴尔扎克:"大作家,你给我瞧瞧,这小子有没有天分,未来是否是块当作家的料?"巴尔扎克接过作文簿后,认真地看了看,胸有成竹地说:"嗯,这小子天赋不高,灵气无几,凭这很难当作家。"老太太听后,发自心田地笑道:"好小子,我认为你们当作家的什么都懂,没想到,你连自己30多年前的小学作文都看不出来!"巴尔扎克也不禁笑了。他做梦也没有想到,这个老太太竟是他30多年前的小学老师。巴尔扎克的判断显然是错了,因为他只看到了孩子的基础,却轻忽了孩子未来的勤奋。

不论什么人都不可能一出世就名扬天下,誉满全世界。巴尔扎克在成名以前,他写的那些文稿不断地被退了回来,他陷入困境,负债累累。最艰苦的时辰,他甚或只能吃点干面包,喝点白水。但是他挺乐观,每当就餐,便在桌上画上一只只盘子,上边写上"火腿""奶汁食品""牛排"等字样,然后在想象的欢乐中狼吞虎咽。

正是在这段最为惆怅的日子里,巴尔扎克花费了700法郎,买了一根镶着绿玛瑙的粗大手杖,并在手杖上刻了一行鞭策自己的字:"我将破坏一切停滞。"正是这句无所畏惧、一往无前的座右铭,支持他渡过了困难关口。后来,柳暗花明,他果然成功了,成为享誉世界的大文豪。巴尔扎克的作文簿和手杖,又一次验证无数成功人士坚定相信的箴言:"勤能补拙是良训,一分辛苦一分才。"

荀子在《劝学》中说道,不积跬步,无以至千里;不积细流,无以成江海。世上不存在笨的天才,只有懒的傻瓜。只有勤奋好学,才能让你的成绩得到提升。巴尔扎克之所以成功，就是因为他做到了"勤能补拙"。如果你老是幻想自己将来成为一个什么样的人物，有多大的作为，不如不断地磨练自己，做一个努力奋斗的人。再高的志向，没有去为之努力，也会付之东流；再小的目标，只要坚持不懈地为之奋斗，最终也会收到应得的回报。幻想一百件事，不如踏踏实实地去做一件事。

6. 不要做"挑水"人

小学课本里曾学过小白兔和小灰兔的故事，人生的选择就像是小白兔和小灰兔一样，虽然是不劳而获，他人的"白菜"也会有吃完的那天，只有选择种子，靠自己的双手辛勤劳作，才会有吃不完的"菜"。

达摩山和罗汉山上分别建有菩萨庙，有两个和尚在相邻的两座山上的庙里长期诵经念佛，这两座山之间有一条小溪。于是这两个和尚，每天都会在同一时间下山去溪边挑水，久而久之，他们便成为好朋友了。

就这样，不知不觉已经过了五年，突然有一天，达摩山上的和尚没有下山挑水。罗汉山的和尚心想：他大概睡过头了。便没有在意。谁知，第二天达摩山的和尚，仍然没有下山挑水。第三天也一样，直到过了一个月，还是一样。

一个月后，罗汉山的和尚，终于忍不住了。他心想：我的朋友可能生病了，我要过去探望他，看看能帮上什么忙。

于是他便爬上了达摩山，去探望他的老朋友，等他到达达摩山的庙门看到他的老朋友之后，大吃一惊，因为他的老朋友正在庙前练棍，一点也不像一个月没喝水的人。

他好奇地问：你已经一个月没有下山挑水了，难道你可以不用喝水吗？

达摩山的和尚呵呵一笑，说道：来吧，我带你去庙后看看。

于是，他带着罗汉山的和尚走到庙的后院，指着一口井说：这几年来，我每天做完功课后，都会抽空挖这口井。即使有时很忙，能挖多少就算多少。如今，终于让我挖出井水，我就不必再下山挑水，我可以有更多时间，练我喜欢的棍法了。

一家再大的公司，即使经理人拿再多的薪水、再多的股票，那也只能算是挑水，只有把握一切时间不断地学习，来充实自己，挖一口属于自己的井，才会细水长流。俗话说：白天求生存，晚上求发展，昨天的努力就是今天的收获，今天的努力就是未来的希望，多年前不分伯仲的同窗好友，多年后的境遇就可能会完全不同。赶紧行动起来吧，做一个能懂得挖井吃水的人，而不是挑水吃的人。

Part4 "将相本无种，男儿当自强"——自强不息

1. 小男孩成功的"导师"

古语云："天下不如意，恒十居七八。"人生的道路不可能风平浪静、一帆风顺，总会遇到一些坎坷、曲折、艰难乃至灾祸。对于一个人的人生而言，起决定作用的是自己的精神状态，要注意经常保持健康、平和、积极进取的心态。

曾经有这样一个男孩，他是一个孤儿，每天衣衫褴褛、满身补丁地在大街上求人施舍。一天，他突发奇想，跑到摩天大楼的工地向一位衣着华丽的建筑承包商请教："我该怎么做，长大后才能跟你一样有自己的事业，有自己的财富？"

这位建筑承包商本来不想理他，但是看见小家伙实在很可怜，于是就

回答说："我先给你讲一个故事吧！从前，有三个掘沟人，一天，他们中有一人挂着铲子说，我将来一定要做老板；第二个则抱怨工作时间太长，报酬太低；第三个没说话只是低头挖沟。许多年过去了，第一个仍在挂着铲子；第二个虚报工伤，找到借口退休；第三个呢？他成了那家公司的老板。你明白这个故事的寓意吗？小伙子，不要多说话。埋头苦干就好。"

小男孩满脸困惑，百思不得其解，只好再请他说明白些。承包商指着那批正在脚手架上工作的建筑工人，对男孩说："看到他们了吗？这些人都是我的工人。我无法记住他们每一个人的名字，甚至有些人，根本连脸孔都没印象。但是，你仔细瞧他们之中，那边那个脸晒得红红的、穿一件红色衣服的人。我很早就注意到，他似乎比别人更卖力，做得更起劲。他每天总是比其他的人早一点上工，工作时也比较拼命。而下工的时候，他总是最后一个下班。就因为他那件红衬衫，使他在这群工人中间特别突出。我现在就要过去找他，任命他当我的监工。从今天开始，我相信他会更卖力工作，说不定很快就会成为我的副手。

"当年，我也是这样爬上来的。我非常卖力地工作，表现得比所有人更好。如果当初我跟大家一样穿上蓝色的工作服，那么就很可能没有人会注意到我的表现了。所以，我天天穿条纹衬衫，同时加倍努力。不久，我就出头了。老板注意到我，升我当工头。后来我存够了钱，终于自己当了老板。只要多干一点，总会成为突出的那一个，人们总是会发现你的，这样你就更加接近成功了。"

小男孩明白了这个道理，他不再四处求人施舍而是开始自食其力捡破烂。因为总是起得比别人早，跑得比别人勤，再加上不怕脏，所以每天收入都很可观。然后，他几乎把所有捡破烂赚来的钱都拿来买书，充实自己。再后来，他的勤奋好学引起了好心人的注意，一个家境富裕而又膝下无子的人开始供他上学。在这一过程中，他再也没有求过任何人，只是靠他自己，而且毫无怨言。最终，他成了一个成功的商人。

无论在什么时候，成功只能在行动中产生，别人的帮助虽然很重要，但最关键的还是要靠自己。从现在起就开始行动吧，像那个小男孩一样，从现在开始严格要求自己，充实自己，给自己积累更多的成功砝码，因为想成功，最终只能靠我们自己。

2. 最后的赢家

每一种心态下的人生也是不一样的，得过且过者的人生必将是平平淡淡、一事无成；消极逃避者的人生肯定一辈子都牢骚满腹，郁郁而终；自强奋进者的人生必定会发出耀眼的光芒。

橘树上有一种小蛀虫，这种小蛀虫靠吸取橘树树叶中的营养为生，是果农们最痛恨的害虫。有这样一只小蛀虫，它躲在树叶底下，逃过了被农药毒死的厄运，这样一来，整棵果树几乎就是它一个人的天下了。

小蛀虫每天趴在树叶上拼命吃，过了一段时间以后，小蛀虫开始变得迟钝了，身子发僵，就连对那些最嫩的树叶，它也提不起胃口了。隔一天再看，原来它已经从幼虫蜕变成一只彩蝶了。不过这个时候，它的变化还没有完全完成，身体还蜷缩在一起，翅膀也合拢着没有伸展开，只是身上已经变得五彩斑斓。再过一天，它就变得强壮多了，已经可以在草木上攀爬。不久，它终于可以张开双翅，在果园里自由地盘旋了。彩蝶快活极了，它有时向云霄直冲上去；有时又藏在香草丛中；有时落在翠竹的竹枝上休息；有时又翩翩起舞。果农们见了它那活泼可爱的姿态，很是喜欢，甚至忘记了它是吃自己辛辛苦苦栽种的橘树的树叶才长大的。

可是，彩蝶这样自由快乐的日子并没有持续多久。有一天，它正飞来飞去地玩得高兴，一不留神，一头撞在了蜘蛛网上。它正在挣扎间，感到蜘蛛网震动的蜘蛛已经第一时间赶了过来，把蛛丝吐在彩蝶身上，牢牢地捆住它，使它动弹不得。彩蝶到这时候只能等死了。果农们这时候想起了彩蝶原来是吃橘树叶的蛀虫变的，于是再也不愿帮它，它只好丧生在蜘蛛的口中。

彩蝶靠抢夺橘树的营养才披上了美丽的外衣，最终却死在了自食其力的蜘蛛手里。

像那只彩蝶那样依靠寄生在别人的身上生活而自己不努力去拼搏的人，不管外表多么光鲜，也不能赢得别人的尊重，甚至不能保障自身的安全。这样的人遇到困难的时候，也往往很难博得别人的同情。而那些像蜘蛛一样自食其力的人就不同了，他们知道自己想要什么，他们靠自己的力量去为自己争取，并最终将那些"寄生虫"们踩在脚下。

3. 奇迹的生还者

一个人一旦失去了自制，别人就会轻易将他击败，这是一条铁的定律。控制自己不是一件非常容易的事情，因为每个人心中永远存在着理智与感情的斗争。一个真正具有自我约束力的人，即使在异常绝望的时刻，也是能够做到这一点的。

美国宾夕法尼亚州的一次煤矿塌方事故中，有一名矿工在塌方的矿井下被困了整整八天八夜并最终获救。而与他同时被困在矿井最深处的另外5个矿工的生存条件个个比他好，但都没能活到获救的那一刻。

被困在井底长达8天，能够活下来简直就是个奇迹，据他本人回忆说："当时我正在井下工作，突然间就塌方了，我心中十分慌乱、绝望，但我很快控制住了自己的情绪，安慰自己说：'没关系，我既然没被砸死，那就说明我足够幸运，我肯定能活下来，外面的人会来救我们的。'正好那天我很累，于是我就躺在木板上睡着了。"

这样的情形不知过了多长时间，除了水滴声，坑道里静得出奇。一个人长时间待在伸手不见五指的黑暗中，肯定是会感到恐惧的。当他感到害怕时，就唱歌给自己听，然后给自己鼓掌喝彩。唱累了，他又躺在木板上睡觉，幻想着他喜欢的女子、爱吃的食物，希望能在梦中看见这些。

再次醒来时，他又竖起耳朵听，渐渐地，一些声音出现了，但很快他就发现，这些声音有点儿怪，只要他发出什么声音，那边很快就能出现同样的声音，原来是回声。为了控制住自己的情绪，他想方设法，除了唱歌、讲故事、幻想美好食物，他还坚持在坑道里玩射击游戏——将一片木板插在坑道壁上，然后在黑暗中向它扔煤块，如果听到"啪"的一声，就是打中了。他给自己规定，只有打中100次才允许睡觉。时而恐惧，时而平静，时而绝望，时而欣慰……在这8天里，他最大的敌人其实就是他自己的心魔。

除了内心的恐惧和绝望之外，他所面临的最大的困难就是食物的短缺。他的周围只有煤，煤层里会不定时地流出一些水，而食物，就只有他当初下井时口袋里所揣着的一个小小的饭团。他在吃这个饭团时是用粒来做计量单位的，每次都是一粒粒的吃，因为他自己也不知道，救他的人什么时候会来，所以他必须用这个小小的饭团来坚持更长的时间，而直到获救时，他一共吃了367粒。他在回忆时说："坑道里有水，口袋里有饭团，更重要的是，我坚信人们会来救我，我绝不能害怕，绝不能发疯，绝不能自杀，我一定要控制住自己，因为我所能依靠的，就只有我自己。"

当我们身处困境时，仅仅依靠外界的救助是远远不够的，最重要的是我们的自救。我们永远无法控制自己身处的环境，但我们能控制自己，让自己来适应周围的环境；我们虽无法预料事情的开始，却能控制事态的结束。事实上，从某种意义上看，那些伟大的人士正是通过控制自己，才控制了他的整个世界。

4. 主宰成功的"圣人"

自信，是冬日的阳光，一扫寒风的阴霾；自信，是清晨的雨露，晶莹剔透；自信，是王母的琼浆，美妙不可言。做人，首先要相信自己。

1947 年，著名的美孚石油公司董事长贝里奇到位于南非开普敦的一家分公司视察工作，在卫生间里，看到一位黑人小伙子正跪在地上擦洗黑污的水渍，并且每擦一下，就虔诚地叩一下头。

贝里奇对此感到很奇怪，问他为什么要这样做，黑人小伙子答道："我在感谢一位圣人。是他帮助我找到了这份工作，让我终于可以自食其力。"

贝里奇笑了，说："我曾经也遇到一位圣人，他使我成了美孚石油公司的董事长，你想见见他吗？"

小伙子说："我是个孤儿，从小靠锡克教会养大，我一直都想报答养育过我的人。这位圣人如果能让我吃饱之后，还有余钱，我很愿意去拜访他，因为如果我有了钱，就可以报答我的恩人们了。"

贝里奇被黑人小伙子的话感动了，他说："既然你是南非本地人，那么你一定知道，南非有一座有名的山，叫大温特胡克山。我告诉你，那上面住着一位圣人，他能给人指点迷津，凡是遇到他的人都会有很好的前途。20 年前，我到南非时登上过那座山，正巧遇上他，并得到他的指点，所以才有了现在的地位。如果你愿意去拜访他，我可以向你的经理说情，准你一个月的假，并且把这个月的薪水提前发给你。"

这位年轻的小伙子是个虔诚的锡克教徒，他坚定地相信只要自己足够虔诚，神就会给自己指引。于是，他谢过贝里奇后就真的踏上了去大温特胡克山的路。在这 30 天的时间里，他一路披荆斩棘，风餐露宿，历尽艰辛，终于登上了白雪皑皑的大温特胡克山。然而，他在山顶徘徊了一整天，除了自己，山顶上再没有任何其他的人。

黑人小伙子很失望地回来了。他见到贝里奇后说的第一句话是："董事长先生，一路上我处处留意，但直至山顶，我发现，除我之外，根本没有什么圣人。"

贝里奇说："你说得很对，除你之外，根本没有什么圣人。因为，你自己就是你自己的圣人，这世上任何人都是靠不住的，就连我也骗了你，这世上你所能依靠的只有你自己！"

20年后，这位黑人小伙子成为了美孚石油公司开普敦分公司的总经理，他的名字叫贾姆纳。在一次世界经济论坛峰会上，他以美孚石油公司代表的身份参加了大会。在面对众多记者的提问时，他侃侃而谈，关于自己传奇性的一生，他说了这么一句话："你发现自己的那一天，就是你遇到圣人的时候。这是贝里奇董事长送给我的最珍贵的礼物，远比我现在的地位要珍贵得多。"

这个世上有太多的人因为看不见自己，因此就只会崇拜他人、崇拜偶像，并最终让自己成为一个庸庸碌碌的普通人。心中没有"我"的人，就不会有信心，也不会有勇气，更不可能有人生的目标，只有自己才能成就自己，只有自己才能使人生变得美丽。

5. 两枚硬币的故事

机遇，是人生的转折点，是事业的起跑线，但机遇更需要自己去创造和珍惜。要想比别人得到的更多就要积极主动去创造机会，一个人要想有所成就，就要积极主动地去创造更多适合自己展示才华的平台和机会，把自己的能力和才华发挥出来，要不断坚持心中梦想的追求、要解放思想与时俱进、去主动创造机会，脚踏实地、努力拼搏、坚持到底。成功之门永远为永不放弃的人敞开着。

艾伦带着加州大学法律系毕业证到一家律师事务所应聘律师。令她失望的是，该律师事务所要求十分严格，既要求有名牌大学的毕业证，又要求有律师资格证，这两项对于艾伦来说是没有问题的。可还有一条：必须有3年以上的律师工作经验。她并没有气馁，一再请求主考官让她参加笔试，主考官不得不同意了。她不但顺利通过了笔试，并且成绩名列前茅。首席律师对她进行了复试。

首席律师对艾伦十分欣赏，因为她的笔试成绩最好。可是，当他知道艾伦只在某法律事务所实习一个月时，就显得十分失望。最后，他让艾伦回去，并说如果录取会打电话通知她。

出人意料的是，艾伦突然从口袋里掏出2枚硬币双手捧给了面前的首席律师，请他无论录用与否都给她打电话。首席律师奇怪了："你怎么知道我不会给你打电话？"艾伦回答他说："你说如果录取就打电话给我，也就是说我很有可能没有被录取，我想知道是由于什么原因使我这次失败了，下次我会不再犯这样的错误。""那这2枚硬币……"她微笑着说："给没有被录用的人打电话不属于律师事务所的正常开支，所以由我付电话费。"

这时，从外面走进来一位中年男子，首席律师见了这人马上打一个招呼："戴维总裁。"戴维点了点头，并微笑着对艾伦说："这2枚硬币我先替你保管着，我现在就通知你，你被录用了。"

艾伦用两枚硬币敲开了机遇的大门，得到了许多人梦寐以求的工作，因为她公私分明的良好品德，在律师工作中是不可或缺的。有头脑的人能够从琐碎的小事中寻找出机会，而没有头脑的人却还在那里傻傻地等待机会的降临。所以，我们要积极行动起来，不断为自己创造时机，只有这样，才能在人生的竞赛中获胜。

6. 真正的路就在自己身上

　　每个人都对生活的美好充满了憧憬，但并不是每一个生命都能时刻感受到真实的幸福，因为人们在对自己的人生抱有希望的时候，时常会把更多的希望寄托在了他人身上。

　　在非洲一望无垠的大草原上，一只袋鼠迷失了自己的方向，它找不到走出大草原的路了。再看天色已近黄昏，夜幕马上就要笼罩大地，黑暗中的种种危险，也正在一步步地逼近。

　　袋鼠心里明白：在黑暗中，只要自己走错一步，就有掉入深坑或陷入沼泽的可能；而如果在原地等待天亮，那些潜伏在黑暗中的猛兽就会拿自己来当晚餐。袋鼠此时感到了前所未有的恐惧。

　　突然，袋鼠发现在自己的前方还有一只小兔子在不停地赶路。袋鼠高兴极了，连忙向前打招呼："亲爱的小兔子，我迷路了，你能帮我走出这片大草原吗？"

　　"我也正想离开这片危险的草原呢！我认识路，让我们一起走吧。"小兔子友善地对它说。

　　袋鼠跟在小兔子身后，不停地走啊，走啊。袋鼠突然发现自己又绕回到了原地，根本没有走出这片危机四伏的草原。它明白了小兔子和它一样，也迷路了。于是，失望的袋鼠离开了同样迷路的小兔子，摸着黑，一步一步地朝前走。

　　没过多久，袋鼠又碰到了一只正在赶路的长颈鹿。长颈鹿信心满满地跟袋鼠打包票，说自己一定可以带着它走出这片草原，因为自己拥有走出草原的精确地图。于是，袋鼠又把求生的希望寄托在长颈鹿身上。它满心欢喜地跟在长颈鹿身后。直走到精疲力尽时，还未走到草原的尽头。袋鼠忍不住地要过长颈鹿手中的地图仔细一看，才发现这竟然是新西兰的地

212

图。袋鼠又一次失望了，它离开了长颈鹿。

袋鼠漫无目的地在草原上走着。疲惫和恐惧渐渐侵蚀了它走出草原的勇气和信心。于是，袋鼠放弃了所有的希望，沮丧地躺在草原上打算听天由命，看是谁来享用自己这顿美味的晚餐。无意间，当袋鼠把手插进口袋里时，摸到了一张父亲以前留给自己的草原地图。袋鼠若有所悟地笑了：原来，真正的路就在自己脚下。

每个人的路都是自己走出来的。当我们陷入困境，我们每个人都天生具有一份内在的地图，指引我们离开充满危险的大草原。但前提是，我们不能总是把希望寄托在别人身上，因为很多时候，真正的救星往往是自己。

7. "我排在第 31 位"

机会不会自动找上你，只有敢于展示自己，让别人认识你，吸引对方的注意力，你才可能寻找到机会。绝大多数人都有自己的理想和目标，但人生的第一步必须学会醒目地亮出自己，为自己创造机会。被动等待还是主动出击是一个人成功与否的决定性因素。

牛顿小的时候家里非常穷，在暑假来临的时候，他不能像别的孩子那样无忧无虑地玩耍。他对爸爸说："爸爸，我整个夏天都不再向你要钱了，我要自己找一份工作。"

爸爸听了之后十分震惊，对牛顿说："好呀，我可以帮你找一份工作的，但是恐怕不容易，因为现在失业的人那么多。"

"爸爸，你还没有弄明白我的意思，我是说我要自己为自己找一份工作。我要一切都由自己来做，并且爸爸你也没有必要那样消极，尽管现在失业的人很多，可是并不能证明我就找不到工作呀！有些人，我是说有些人总可以找到适合自己的工作的。"

"哪些人？孩子。"

"那些会动脑筋的人。"牛顿回答道。

牛顿在广告栏上看到了一份适合自己的工作，广告上要求应聘的人要在第二天早晨9点到达位于林肯街的一座大楼面试。第二天，牛顿没有敢睡懒觉，他在8点就早早地到达了那里。可是，已经有30个男孩在那里排队了，他只好排在了队伍的第31名。

怎样才能引起注意而成功应聘呢！这是牛顿的问题，他应该怎样处理好这个问题呢？牛顿开动了他的脑筋，他认为只要肯于思考，主意一定会有的，思考可是一件既令人头疼又让人兴奋的事情。

最后，他想出了一个好主意。他拿出一张纸，在上面端端正正地写了几行字，然后整整齐齐地折好，走向秘书小姐，恭敬地对她说："小姐，请您马上把这张纸条交给您的老板，这非常重要。"

这位秘书小姐可是一个极其聪明的人，如果牛顿只是一个普通男孩，她可能就会说："算了吧，小家伙。请你回到你31号的位子去吧。"但是，牛顿的机智和勇敢使她觉得他不是一个普通的男孩，他很自信。

"好呀，"她说，"让我来看看这张纸条。"她看了不禁微笑了起来，立刻站起来，走向老板的办公室，把纸条交给了老板。

后来，牛顿真的被录用了，他是当时为数不多的几名幸运儿之一。

因为，那张纸条上写着：先生，我排在第31位，在您没有看到我之前，请不要做决定。

牛顿给自己创造了一次机会，机会偏爱那些善于思考的头脑。我们要善于开动脑筋，给自己创造一个机会，说不定我们的生活就会开始改变。在机会面前人人平等，人与人各不相同，对机会的态度也不同。弱者、愚者等待机会、错过机会。而强者却不会去等待机会，而是自己主动去播下创造机会的种子，再收获机会。没有机会，那就自己创造机会，这就是强者的理念。

8. 握在手里的命运

"人生就是一连串的抉择，每个人的前途与命运，完全掌握在自己手中，只要努力，终会有成。"

一天，一个迷茫的年轻人去寺院里请求禅师指点迷津："大师，您是大彻大悟之人，请您告诉我，这个世界到底有没有命运？"

禅师说："当然有啊。"

年轻人再问："那命运究竟是怎么回事？既然命中注定，那奋斗又有什么用？"

这次禅师没有直接回答他的问题，而是笑着抓起他的左手，说："我们不妨先看看你的手相吧。"于是禅师开始滔滔不绝地向年轻人讲着生命线、爱情线、事业线等等让年轻人听了似懂非懂的话。

突然，禅师对年轻人说："把手伸出来，照我的样子做一个动作。"他举起左手，慢慢地，而且越来越紧地握起了拳头。末了，他问："握紧了没有？"

年轻人有些迷惑，回答说："握紧啦。"

他又问："那些命运线在哪里？"

年轻人不知道禅师想说什么，于是机械地回答："在我的手里呀。"

禅师再追问："请你仔细看看，你的命运在哪里？"

年轻人恍然大悟："原来，命运竟然握在自己的手里！"

禅师依旧很平静地继续说道："从今以后，不管别人怎么跟你说，切记，命运始终在自己的手里，而不是在别人的嘴里！任何一个禅师也不能完全预测人的命运！"

禅师接着说："请你再一次握紧你的手掌，再仔细地看看自己的拳头，你还会发现，你的生命线有一部分任凭你如何用力，它们依旧还留在外面，不可能被全部握住。你知道这意味着什么吗？这意味着命运绝大部分掌握在自己手里。"

　　幸运的人，未必是幸福的。失意的人，未必是不幸的。不要奢望着靠天、靠地。其实，一切都只能靠自己。正如古人所说："尽人事，听天命，但求无愧于心。"

第七章

打破常规，方能创造生活

——"男子汉"进取篇

　　每一个人都生活在被各种常规和常识包围的生活情境之中，我们既依赖于它们，同时又被它们所制约和束缚。成功不能固守老套，认真做事只是把事情做对，用心做事才能把事情做好，只有别具一格才能达到非凡的效果，当常规已经不能适应新情况的时候，只有推陈出新才是最佳途径，才能取得出乎意料的胜利。

Part1 "己欲立而立人，己欲达而达人"——换位思考

1. "快乐处方"

换位思考是人对人的一种心理体验过程。将心比心，设身处地，是达成理解不可缺少的心理机制。它客观上要求我们将自己的内心世界，如情感体验、思维方式等与对方联系起来，站在对方的立场上体验和思考问题，从而与对方在情感上得到沟通，为增进理解奠定基础。它既是一种理解，也是一种关爱。

有一天，一个方丈在和一个小沙弥谈论为人处世之道时，方丈送小沙弥四句话：把自己当成别人，把别人当成自己，把别人当成别人，把自己当成自己。

小沙弥依方丈之言走过了他的人生历程之后，也成了一位方丈。他是一个愉快的人，也给每个见过他的人带来快乐。老方丈的四句箴言好比一帖快乐处方——把自己当成别人，受到挫折、屈辱时，把自己当成别人，便能置身事外，不快自然减轻；功成名就、取得成绩时，把自己当成别人，就不至于得意忘形，让胜利冲昏头脑。把别人当成自己，与人交往，遇事设身处地为别人着想，这事落到自己头上，我会怎样想，该怎么办？对别人多点同情心，多给点帮助。把别人当成别人，做人不要自以为是，要学会尊重别人，任何时候都不应怠慢别人，不能强求别人怎样做，怎样做是别人的自由，你无权干涉。把自己当成自己，任何人都有自己的独立性、个性，你就是你自己不是别人，但有时你又是别人；把自己当成自己时，就得承担起自己的责任；该把自己当成别人时，就得站在别人的角度

看自己，这样就不至于自我封闭。

善待人生，希望我们可摆脱不应有的烦恼，使自己的生活多点愉快，同时再把快乐传递给你周围的朋友。

2. 不租给有小孩的家庭

只要懂得了换位思考，就会在遇到问题时多站在别人的角度看问题，设身处地地为别人着想，只有当我们做到这些的时候，我们才能够更多地理解别人、宽容别人。

有一对外地青年夫妇来到一个城市租房子，两人带着自己的小孩，拖着疲累的身躯看小广告找房子，但没遇到一个他们称心的，要么太小，要么租金高得离谱。两人一直从上午跑到下午，功夫不负苦心人，终于看上一间让他们都满意的房子，大小合适，租金合理，房间布局简单而又实用。夫妇俩欣喜若狂，急着想付订金，把房子租下来！

房东是一位花甲老人，老人不慌不忙地对二人说道："租房子，我只有一个限制，那就是我不租给有小孩子的家庭。"这对夫妻面面相觑。

老公说："可是你看我们旁边的小孩是什么？"

"可我真的很喜欢这房子！"老婆诉苦道。

"砰"的一声，老人在这时毫不客气地把门关上。

两人正沮丧的要离去时，只见小孩又回头按电铃，叮咚！

花甲老者又来开门！笑着对孩子说道："小朋友，你有什么事啊……呵呵呵！"

小孩说："伯伯，我要租房子！"

老人说："租房子？我不租给有小孩子的家庭哦！"

小孩说："我知道！我只有爸爸妈妈没有小孩子啊！你可以把房子租给我！"

219

老人说:"哈哈! 真是聪明, 好吧, 就租给你了……"

在生活中, 要学会换位思考, 当与同学发生矛盾时, 可以化干戈为玉帛, 重建良好的友谊, 当遭遇挫折时, 不妨化消极为希望, 阳光就会向你微笑。当我们学会并做到换位思考的时候, 我们会发现生活其实很美好。

3. 球王的铭记

"换位思考"是自我学习的好方法。在与人相处时, 站在对方的立场上来全面考虑问题, 这样看问题比较客观公正, 可防止主观片面; 对人要求就不会苛刻, 容易产生宽容态度。

在足球王国巴西, 不会踢足球的男孩子, 绝对不会招人喜欢。在那里, 富人的孩子有自己的足球场地, 穷人的孩子也有穷人的踢足球方式。球王贝利就出生在一个贫寒的家庭里, 他的父亲是一个因伤退役、穷困潦倒的足球队员。

贝利从小就显现出非凡的足球天赋, 他常常踢着父亲为他特制的"足球"——用一只大号袜子塞满破布和旧报纸, 然后尽量捏成球形, 外面再用绳子捆紧。贝利经常光着黑瘦的脊梁, 在家门前那条坑坑洼洼的小街, 赤着脚练球。尽管他经常摔得皮开肉绽, 但他仍然不停地向着想象中的球门冲刺。

渐渐地, 贝利有了点名气, 许多认识或不认识的人常常跟他打招呼, 还给他敬烟。像所有未成年人一样, 贝利喜欢吸烟时的那种"长大了"的感觉。

终于有一天, 当贝利在街上向人要烟时被父亲看见了。父亲的脸色很难看, 贝利低下头, 不敢看父亲的眼睛。因为, 他看到父亲的眼睛里有一种忧伤, 有一种绝望, 还有一种恨铁不成钢的怒火。

父亲说:"我看见你抽烟了。"

贝利不敢回答父亲，一言不发。

父亲又说："是我看错了吗？"

贝利盯着父亲的脚尖，小声说："不，你没有。"

父亲问："你抽烟多久了？"

贝利小声为自己辩解："我只吸过几次，几天前才……"

父亲打断了他的话，说："告诉我，味道好吗？我没抽过烟，不知道到底是什么味道。"

贝利说："我也不知道，其实并不太好。"贝利说话的时候，突然绷紧了浑身的肌肉，手不由自主地往脸上捂去，因为，他看到站在他眼前的父亲猛地抬起了手。但是，那并不是贝利预料中的耳光，而是父亲把他搂在了怀中。

父亲说："你踢球有点天分，也许会成为一名高手，但如果你抽烟、喝酒，那就到此为止了。因为，你将不能在90分钟内一直保持一个较高的水准，这事由你自己决定吧。"

父亲说着，打开他瘪瘪的钱包，里面只有几张皱巴巴的纸币。父亲说："你如果真想抽烟，还是自己买的好，总跟人家要，太丢人了，你买烟要多少钱？"

贝利感到又羞又愧，眼睛里涩涩的，可他抬起头来，看到父亲的脸上已是泪水纵横……后来，贝利再也没有抽过烟。他凭着自己的勤学苦练，终于成了一代球王。

多年以后，贝利仍不能忘记当年父亲那温暖的怀抱，他回忆说："父亲那温暖的一个拥抱，比给我多少个耳光都更有力量。"

"换位思考"的实质，就是设身处地为他人着想，即想人所想，人与人之间少不了谅解，谅解是理解的一个方面，也是一种宽容.我们都有被"冒犯"、"误解"的时候，如果对此耿耿于怀，心中就会有解不开的"疙瘩"；如果我们能深入体察对方的内心世界，或许能达成谅解。一般说来，只要不涉及原则性问题，都是可以谅解的。谅解是一种体贴、一种宽容、一种理解、一种爱！

4. 给噪音买单

"假如你握紧两个拳头来找我，我想我可以告诉你，我会把拳头握得更紧；但假如你找我来，说道：'让我们坐下商谈一番，假如我们的意见有不同之处，看看原因何在?'我们会觉得彼此的意见相去不远。我们只须彼此有耐性、诚意和愿望去接近，我们相处并不是十分困难的。"——威尔逊

谭先生是一位退休老人，来到北方某沿海城市，在一所学校附近买了一栋简朴的住宅，打算在那里安度晚年。附近有四个无所事事的年轻人，经常游手好闲地用脚踢房屋周围的垃圾桶。附近的居民深受其害，对他们的恶作剧多次阻止，结果都无济于事。

时间长了，只好听之任之。谭先生受不了这种噪音，决定想办法制止这群无聊的年轻人。

这天，当这几个年轻人又在狠狠踢垃圾桶的时候，谭先生来到他们面前，对他们说："我特别喜欢听垃圾桶发出来的声音，所以，你们能不能帮我一个忙？如果你们每天都来踢这些垃圾桶，我将天天给你们每人5元钱的报酬。"年轻人很高兴地同意了，于是他们更加使劲地踢垃圾桶。

过了几天，这位老人愁容满面地找到他们，说，"通货膨胀减少了我的收入，从现在起，我恐怕只能给你们每人3元钱了。"这几个年轻人有点不满意，但还是接受了老人的条件，每天下午继续踢垃圾桶，可是没有从前那么卖力了。几天以后，老人又来找他们。

"瞧!"他说，"我最近没有收到养老金支票，所以每天只能给你们5角钱了，请你们千万谅解。""5角钱!"一个年轻人大叫道，"你以为我们会

为了区区 5 角钱浪费我们的时间？不成，我们不干了！"从此以后，老人和邻居都过上了安静的日子。

如果你不同意他人的意见，最好不要去强行阻止，这样做没有什么效果。在和对方闲聊中，站在对方立场上去权衡事情的利弊，剖析出对方的弱点，说出的话或做出的事让对方感觉心里舒服，再用自己的思想启发对方的思想，从而潜移默化施加影响，进而达到自己想要的结果，这才是明智之举。

Part2 "小事成就大事，细节成就完美"——细节取胜

1. 藏在书中的百万美金

不注重细节的人，对工作缺乏认真的态度，常抱以一副敷衍了事的心态。而注重细节的人，不仅认真地对待工作，将小事做细，并且能在做细的过程中找到机会，从而使自己走上成功之路。

一天，美国斯坦福大学生物系学生尼森正在图书馆里埋头攻读一本名叫《生物变种遗传基因研究》的书，虽然已读过好多遍，但他仍然对这本书爱不释手。

不可思议的是，当他再次打开这本书的时候，突然有一种异样的感觉，好像这本书总有些什么特别的地方。于是，他仔细注意书中的每一个细节，果然有所发现。原来，在书的内文中共有 73 处出现了阿拉伯数字，有 9 处数字下面出现了模糊的墨迹。如果不特别留心，根本就不会发现。

尼森把这 9 个数字按在书中出现的先后顺序连起来，就是 741456921。尼森认为这其中肯定有什么秘密，他决心揭开这个谜底。

他发动所有的亲属和朋友，到各个图书馆寻找这本书，并按照他提供的页数查看有无相同的印迹。结果发现，在现存很少量的这本著作中，都存在着相同的情况。尼森非常兴奋，他拿着书请专家鉴定，看是不是排版印刷中出现的问题。答案是否定的，专家认为这明显是人为用笔尖点在纸上留下的痕迹。

尼森开始对这本书展开调查，发现这本书是由劳腾斯出版社于1928年出版的，作者是威斯康星大学教授皮尔先生。此书出版时，皮尔教授已61岁，1年后因病去世。此书只印了一版，而且数量极少，只有420册，现今美国各图书馆总共收藏仅有十几本。

通过专家帮助和互联网确认，这组号码最后被认定为一家银行地下保险库中一个私人保险箱的密码。在保险库管理人员的帮助下，尼森找到了皮尔教授的名字，并用这组号码顺利打开了保险箱。令人惊异的是，保险箱里放着一封用蓝色丝绸包着的长信。在这封长达11页的信中。皮尔教授用伤感的文字介绍了自己默默无闻的一生，描述了出版这本书所遇到的困难和艰辛。他说，世人和学术界对这本书的淡漠，曾使他伤心至极。因此，他在所有书中的9个阿拉伯数字下面，亲自用笔尖点一滴墨水，将这9个数字连起来，即为这个保险箱的密码。如果有喜爱这本书的人发现这个秘密，他就把存放在这家银行里的36.34万美元遗产全部赠送给这个人。在信封里，还有一张银行的提款单和其他相关证明，按美国的有关法律，尼森可以获得这笔钱，而且当时的本息相加是274万美元。

就这样，尼森一夜之间变成了百万富翁。

为什么别人没有发现这本书中藏的财富呢？因为认真阅读过这本书的只有尼森一人。事实上，每一本好书中都藏有一笔巨额财富，说不定它也会以一笔存款的形式展现给你。

2. 一滴焊接剂的启示

"海不舍小流，故能成其大，山不舍土石，故能成其高。"只有从小事做起，才有机会做大事。任何一件小事都不能言其小，也不能厌其微，而要尽力去做，用心去做，力争把每一件小事做到位、做好、做精致。

有一位在一家石油公司里谋生的年轻人，任务是检查石油罐盖焊接好没有。这是公司里最简单枯燥的工作，凡是有出息的人都不愿意干这件事。这位年轻人也觉得，天天看一个个铁盖太没有意思了。他找到主管，要求调换工作。可是主管说："先做好本职工作再说。"

年轻人只好回到焊接机旁，继续检查那些油罐盖上的焊接圈。既然好工作轮不到自己，那就先把这份枯燥无味的工作做好吧！

此后，年轻人一心工作，仔细观察焊接的全过程。他发现，焊接好一个石油罐盖，共用 39 滴焊接剂。

为什么一定要用 39 滴呢？少用一滴行不行？在这位年轻人以前，已经有许多人干过这份工作，从来没有人想过这个问题。这个年轻人不但想了，而且认真测算试验。结果发现，焊接好一个石油罐盖，只需 38 滴焊接剂就足够了。年轻人在最没有机会施展才华的工作上，找到了用武之地。他非常兴奋，立刻为节省一滴焊接剂而开始努力工作。

原有的自动焊接机，是为每罐消耗 39 滴焊接剂专门设计的，用旧的焊接机，无法实现每罐减少一滴焊接剂的目标。年轻人决定另起炉灶，研制新的焊接机。经过无数次尝试，他终于研制成功了"38 滴型"焊接机。使用这种新型焊接机，每焊接一个罐盖可节省一滴焊接剂。积少成多，一年下来，这位年轻人竟为公司节省开支 5 万美元。一个每年能创造 5 万美元价值的人，谁还敢小瞧他呢？由此年轻人迈开了成功的第一步。

若干年后，他成了世界石油大亨——洛克菲勒。

曾经有人问洛克菲勒："成功的秘诀是什么?"他说:"重视每一件小事。我就是从一滴焊接剂做起的,对我来说,点滴就是大海。"

3.　漏水的钢笔

在人生的竞技场上,有时候注重细节能使你得到命运之神的垂青。而所谓注重细节,说穿了也不过是拥有一颗永远都在思考、永远都保持着好奇的心,无论什么时候,注重细节也是一种能力。

某公司招聘一名业务主管,在经过几轮残酷的考核淘汰之后,应聘人数由最初的几十人变成了三个人。三位应聘者在前几轮的测试中表现都十分出色,无论学识、阅历、口才、形象都相差不多,简直不分伯仲。

最后,公司经理亲自出面挑选最后的人选,他的测试方法非常简单:在桌子上放了几张白纸和一支注满了墨水的金笔,让三位应聘者在纸上写下各自的简历。

应聘者甲坐到桌前,拧开金笔正要写字,恰好金笔漏下了一滴墨水,不偏不倚地落到了洁白的纸上。应聘者甲慌忙把滴了墨水的纸揉成一团,重新拿了一张纸写起简历来,无奈金笔依旧漏水,短短一份简历,等他写完已经用了四张纸。

应聘者乙发现金笔漏水后,从容地从西服口袋里拿出自己的笔,顺利地写完了简历。

轮到应聘者丙上场了,他发现金笔漏水后,并没有急着书写简历,而是不慌不忙地拧开金笔,小心地捏了捏金笔的储墨囊,排出储墨囊里过多的墨水。金笔不再漏水,他自然写得格外从容。

最后,经理宣布,公司决定留下应聘者丙担任业务主管。当另外两名应聘者问起他们落选的原因时,经理告诉他们:论学历,论资历,你们几乎分不出高下,但是应聘者丙愿意寻找问题的症结,并且能想办法去解决问题，从这一点上看，他要比你们高明。

一个不注重细节的人是管理不好一个部门的。细节能够表现整体的完美，同样也会影响和破坏整体的完美。

4. 福特面试

成功就是由一件又一件小事、一个又一个细节积累而成的。如果能把握住这些细节，人们就能获得成功；如果不注重细节的积累，而只想一举成功，那实在是白日做梦。

一家大公司招聘新人，已经淘汰了好几批参加面试的人选。这时无论是面试者还是被面试者都感到了几分紧张：如果今天再不能选出合格的人选，那公司的许多工作就要受到影响；对被面试者来说，如果能进入这家全国知名企业工作，那自己今后的事业发展将不可估量。

这时一位年轻人走进了面试办公室。他在门口看到一张小纸片，出于习惯，年轻人弯下腰捡起纸片并顺手把它扔到了垃圾桶。面试过后，主持面试的该公司总裁叫这位年轻人留下来，他告诉年轻人可以马上到公司参加培训，等培训合格后就可以正式上班了。

年轻人自己都有些不敢相信，因为他知道在这次招聘过程中进入面试这一关的都是精英，而且据他观察，其中有不少人的能力水平都在他之上。总裁听到年轻人提出的疑惑，笑着答道："这正是我找你谈话的原因，你的能力水平确实不是所有应聘者中最好的，但是，只有你在面试时通过了一项最关键的考验——门口的那张小纸片是我故意叫人放在那里的。"那些与年轻人一同去参加应聘的人才，并非没有看到门口那张虽然不大但却显眼的纸片。

对于他们来说捡起地上的小纸片同样只是弯一下腰那么简单，但是他们却认为如此琐碎的事情不值得一做，所以他们就错过了进入那家大公司的机会，实际上他们因此而错过的重要机会绝不仅仅是这一次。

这位年轻人就是美国汽车工业之父——亨利·福特。他用自己的实际行动证明了当初那位总裁的独到眼光。亨利·福特是成功的，他的成功不仅在于自己遇到了慧眼识英才的总裁，更在于他对每一件小事都不疏忽的认真精神。

5. 皮鞋与芒果

良好的习惯和对细节的关注往往能为你插上成功的翅膀，不经意间，助你一臂之力。一个坏习惯也常常能让你从悬崖上重重地摔下。播下一个行动，收获一个习惯；播下一个习惯，收获一种性格；播下一种性格，收获一种命运。

一个富商和一个罪犯回忆他们的童年，提到了相似的一件事。

犯人说：小时候，妈妈给我和弟弟买了两双鞋子，一双是布鞋、一双是皮鞋。妈妈问我们，你们想要哪一双？我一看那双皮鞋，好漂亮，我非常想要。可是弟弟抢先喊："我要皮鞋!"妈妈看了他一眼，批评他说："好孩子要学会谦让，不能总把好的留给自己。"于是我心里一动，改口说："妈，我要布鞋好了。"妈妈听了很高兴，就把那双皮鞋给了我。我得到了我想要的东西，也从此学会了撒谎。以后，为了得到每一件我想得到的东西，我都不择手段，直到我进了监狱。

富商说，小时候，妈妈给我和弟弟买了两只芒果，一只大些一只小些，我一看那只大芒果，很好吃的样子，我非常想要。妈妈问我们，你们想要哪一只？我想说，我要大的，可是弟弟抢先说："我要大的!"于是我就跟妈妈说："妈妈，我和弟弟都是你的孩子，我们应该通过比赛，决定谁得到那只大芒果，因为我也想要大的。"于是我和弟弟开始比赛，把家门外的木柴分成两组，谁先劈好谁就有权得到大芒果，最后，我赢了。以后，为了得到每一件我想得到的东西，我都会努力争取第一，因为我知道通过努力，就能得到奖赏。童年时，我们每一次面临竞争的心态和行为，往往教会我们一生做人与做事的态度。

人的惰性和劣根性是与生俱来的，习惯和细节决定命运，可是好习惯并非自然而成的，自然而成的常常是懒惰、生活无规律等等坏习惯。所以我们才要自我控制来培养好习惯，

Part3 "人才进行工作，天才进行创造"——敢于创新

1. 万卷书的"存储地"

我们大家都生活在被各种常规和常识包围的生活之中，我们与它们相互依赖又相互制约。很多时候由于太相信常识和常规，我们的智慧被封闭住了。事实上，常识和常规是受生活境域的制约的，出了这个境域，它们就会成为误导，敢于打破常规思维方式，敢于冲破常识的束缚，才是智慧人生的开始。

唐朝江州刺史李渤，有一次问圆觉禅师："经书上所说的'须弥藏芥子，芥子纳须弥'，我看这未免太离谱了吧，一枚小小的芥子，如何能容纳那么大的一座须弥山呢？这有点信口开河，误导世人之嫌啊……"

圆觉禅师听了李渤的话之后，微微一笑，转而问他："人家说你'读书破万卷'，是否确有其事呢？"

"那是当然！我这一生所读的诗书何止万卷呢？"李渤有些得意地说道。

"那么你读过的万卷书现在保存在哪里呢？"圆觉禅师顺着话题问李

渤。

李渤抬手指着头脑说:"当然都保存在这里了!"

圆觉禅师说:"奇怪,我看你的头颅只有椰子那么大,怎么可能放得下万卷诗书呢?莫非你也在骗人吗?"

李渤听后顿然开悟,拜谢圆觉禅师而去。

江州刺史李渤被常规和常规的思维方式束缚住了,因而看不到大中有小,小中有大的道理,思维被束缚,境界被压制,这样的人生看似很安逸,但很难随机应变,很容易产生困惑。

2. 征服知府的菜肴

固守老套,认真做事只能把事情做对,用心做事才会把事情做的出色,与众不同才能达到非凡的效果,当常规已经不能适应新情况的时候,推陈出新才是最佳途径,才会以出其不意博得他人的信赖。

唐朝时期有一位新任知府到一个地方赴任,当地的名门富贾们纷纷为其接风,好不容易这次被另一个乡绅请到家赴宴,乡绅对知府吹嘘他家的厨师做的菜如何如何的好,于是知府答应了乡绅的邀请。

乡绅回到家后马上叮嘱三个厨师说道:明天知府大人来我家做客,你们要把最好的厨艺展示出来,谁做的菜得到知府大人的称赞认可,就会得到重赏。三个厨师领命后各自回去准备。

第二天知府来到乡绅家,坐于桌上,第一个厨师准备了一个炖鸡,乡绅邀请知府动筷,知府拿起筷子箝下一块鸡肉放到嘴里慢慢品尝,只是吃了一口。这时轮到第二个厨师上菜了,他做的是一条香酥鱼,知府同样拿起筷子箝下一块鱼肉放到嘴里慢慢品尝,也没有继续品尝。这时坐在一旁的乡绅满脸冒汗,暗叹今天要出丑,恰好这一幕都被躲在旁边的第三个厨师看到,他急忙跑到厨房,用胡萝卜青萝卜黄瓜辣椒组成了一个菜,盘子周围又准备了酱、醋、糖，然后把这盘菜端上来，美其名为"四季如春"。请知府先用辣椒蘸酱按先后顺序品尝，不一会儿这盘菜被知府吃的所剩无几了，并连连称奇，并对乡绅夸赞厨师的厨艺实在高超，过后乡绅重重地赏赐了第三个厨师。

上面的故事反映出一个道理，人们往往习惯于遵循以往的观念做事，按常规做事，久而久之就变得机械死板。之所以第三个厨师能得到重赏，就是因为他突破常规，用了心换位思考，深知一个知府在官场许多年，山珍海味早已不能博其欢心，更不用说鸡鸭鱼肉了，第三个厨师正是发现了这个细节，所以能用一盘青菜换来了知府的称赞和主人的重赏。

3. 自摆乌龙得来的胜利

所谓变通，顾名思义，就是以变化定规为途径，通向成功。一位著名的哲学大师曾经说过："你改变不了过去，但你可以改变现在；你想要改变环境，就必须改变自己。"

在一次欧洲篮球锦标赛上，立陶宛队和斯洛文尼亚队相遇。在比赛剩下10秒钟时，立陶宛队以2分优势领先，一般来说已稳操胜券。但是，那次锦标赛采用的是循环制，立陶宛队必须赢球超过5分才能取胜。可要用仅剩下的10秒钟再赢3分，简直是难于上青天。

这时，立陶宛队的教练突然请求暂停。许多人对此举付之一笑，认为立陶宛队大势已去，被淘汰是不可避免的，教练即使有回天之力，也很难力挽狂澜。暂停结束后，比赛继续进行。

这时球场上出现了众人意想不到的事情：只见立陶宛队拿球队员突然运球向自家篮下跑去，并迅速起跳投篮，球应声入网。这时，全场观众目瞪口呆，全场比赛时间到。但是，当裁判员宣布双方打成平局需要加时赛时，大家恍然大悟。立陶宛队这出人意料之举，为自己创造了一个起死回生的机会。加时赛结果，立陶宛队赢了 6 分，如愿以偿地出线了。

"明智的人使自己适应世界，而不明智的人坚持要世界适应自己。"我们每天面对层出不穷的矛盾和变化，是刻舟求剑以不变应万变，还是采取灵活机动的变通方式应万变，这是我们需要确立的一种做人做事的心态。

4. 价值千万的想法

财富就装在你的脑子里，只要你认真去发掘，它便会像泉水一样不停地涌出来。抓住机会，并没有固定的模式和准则可循，但过人的洞察力和预见能力是必须要有的。平时留心周围的小事，有敏锐的洞察力，更容易把握机遇，获得成功。

一个出生在嘈杂的贫民窟里的男孩，受到环境的影响，他爱好争斗、喝酒、吹牛和逃学。唯一不同的是，他天生有一种赚钱的眼光。他把一辆从街上捡来的玩具车修理好，让同学们玩，然后每人收取半美分，他竟然在一个星期之内赚回一辆新的玩具车。

他初中毕业后，真的成为了一个商贩。他卖过小五金、电池、柠檬水，每一样他都做得得心应手。让他发迹的是一堆被浸染的布匹。

这些布匹来自亚洲，全是丝绸的，因为海轮运输途中遭遇风暴，结果有染料浸染了丝绸，数量足足有一吨之多。

这些被污染的丝绸成了亚洲商人头疼的东西，他们想处理掉，但却无人问津。想搬运到港口，扔进垃圾箱，又怕被环保部门处罚。于是，亚洲商人打算在回程的路上把丝绸抛到大海中。

商贩在港口的一个地下酒吧喝酒，这是他夜晚的乐园。那天他喝醉了，步履蹒跚地走到一位海员旁边时，海员正在说那些令人头疼的丝绸。第二天，商贩就来到海轮上，用手指着停在港口的一辆卡车对船长说："我可以帮助你们把丝绸处理掉。"他没花任何代价拥有了这些被染料浸染过的丝绸。他把这些丝绸制成了迷彩服一般的衣服、领带和帽子，几乎是在一夜之间，他靠这些丝绸拥有了 10 万美元的财富。

现在他已不是商贩，而是一个商人了。有一次他在郊外看上了一块地，他找到地的主人，说他愿花 10 万美元买下来。

土地的主人拿了他的 10 万美元，心里嘲笑他真愚蠢，这样偏僻的地段，只有呆子才会这么干。但令人意料不到的是，一年后，市政府对外宣布在郊外建造环城公路，他的地皮升值了 150 多倍。城里的一位富豪找到他，甚至愿意出 2000 万美元购买他的土地，富豪想在这里建造一个别墅群。

商人没有出卖他的地，他笑着告诉富豪："我还想等等，因为我觉得它应该值更多。"三年后，他的地皮值 2400 多万美元，他成为城里的一位新贵，可以像上层人一样出入高贵的场所了。

他的同行们想知道他是如何获得这些信息的，甚至怀疑他和市政府的高级官员有来往，但结果令他们很失望，商人没有一位在市政府任职的朋友。商人的发迹传奇好像是一个谜。

有一位资深的记者报道了他的经商经历，他在文中感叹道，像他这样执着地将商业精神坚持到最后的人终会成为千万富翁。

"你不认识机会，机会就不会认识你"。每个人都有机会，即使是街边的乞丐；任何地方都有机会，无论是在老旧的巷口，还是偏僻的乡村；任何时候都有机会，即使是在生命的最后时刻。

5. 装在屋外的电梯

生活中的是与非、对与错都只是相对的，没有绝对固定的模式，也没有绝对的标准。同一个问题，当别人认为那是错的，而你却一直坚持自己的观点认为那是对的时，那并不能说明你就真的错了，只能说你考虑问题的角度与他们不同而已。

柯特大饭店是美国加州圣地亚哥市的一家老牌饭店，由于原先配套设计的电梯过于狭小老旧，已无法适应越来越多的客流。于是，饭店老板准备安装一部新式的电梯。他重金请来全国一流的建筑师和工程师，请他们一起商讨，该如何进行改装。建筑师和工程师的经验都很丰富，他们讨论的结论是：饭店必须新换一部大电梯。

为了安装新电梯，饭店必须停止营业半年时间。"除了关闭饭店半年就没有别的办法了吗？"老板的眉头皱得很紧，"要知道，那样会造成很大的经济损失……""必须得这样，不可能有别的方案。"建筑师和工程师们坚持说。就在这时候，饭店里的清洁工刚好在附近拖地，听到了他们的谈话。他马上直起腰，停止了工作。

他望望忧心忡忡神色犹豫的老板和那两位一脸自信的专家，突然开口说："如果换作我，你们知道我会怎么来装这部电梯吗？"工程师瞟了他一眼。不屑地说："你能怎么做？""我会直接在屋子外面装上电梯。"工程师和建筑师听了，顿时诧异得说不出话来。很快，这家饭店就在屋外装设了一部新电梯。在建筑史上，这是第一次把电梯安装在室外。

同样的一件事，不要因为过去是这样做，现在就得这样做；不要因为别人都这样做，我们也一定要这样做。换一种思路，用完全相反的方法试一下，你会发现问题同样得到解决，而且会收到意想不到的效果。

6. 扭转战局的小鼓手

人生的道路上难免会遇到困难、挫折甚至失败，我们千万不可灰心丧气、一蹶不振。须知，即使我们一败涂地，但心灵深处还有一面饱含热情和智慧、充满勇气和力量的鼓——敲响它，就会敲开成功的大门。

马林果战役打响后，法国军队受到强大有力的抵抗，只剩招架之功，拿破仑精心筹谋的胜利眼看就要成为泡影。

正在法军败退之际，拿破仑的将领德撒带着大队骑兵赶到，停在拿破仑站着的山坡附近。队伍中有一个小鼓手，他是德撒在巴黎街头收留的流浪儿。

当军队站住后，拿破仑朝小鼓手喊道："击退兵鼓！"这个小孩却没有动。"小流浪汉，击退兵鼓！"

孩子拿着鼓槌向前走了几步，朗声说道："啊，大人，我不知道怎么击退兵鼓，德撒从来没有教过我。但是我会击进军鼓，是的，我可以敲进军鼓，敲得让死人都能排起队来。我在金字塔那里敲过它、在泰泊河敲过它、在罗地桥敲过它啊，大人，在这里我可以也敲进军鼓么？"

拿破仑无可奈何地转向德撒："我们吃了败仗了，现在可怎么办呢？""怎么办？打败他们！要赢得胜利还来得及。来，小鼓手，敲进军鼓，像在泰泊和罗地一样敲吧！"

不一会儿，队伍跟着小鼓手猛烈的鼓声，向敌军横扫而去。他们不惜流血牺牲，把敌人打得一退再退。德撒在敌人的第一排子弹中倒下了，但是队伍并没有动摇。当硝烟消散时，人们看到小流浪儿走在队伍最前面，笔直地前进，仍旧敲着激昂的进军鼓。他越过死人和伤员，越过营垒和战壕。他的脚步从容不迫，鼓声激越有力，他以自己勇敢无畏的精神为法军开辟了胜利的道路。

每一位成功者的背后，都有一股巨大的力量——信心在支持和推动着他们，每个人都可以做自己的鼓手，不断地向自己的目标挺进。决不放弃，愈挫愈奋，擂鼓进击，就一定能攻城拔寨，收获成功。

Part4 "青年时种下什么，老年时收获什么"
——大胆探索

1. 不敢吃蜂蜜的黑熊

定式思维会使人们办起事来得心应手，但其固有的惯性也会妨碍人们思维的灵活性，阻碍新观念，不利于新思维的形成，更有阻大脑对新知识的吸收。想要从优秀变得更优秀，就要从传统的思维定式中走出来，增强自己的创造性思维，不断提出解决问题的新思路、新方法。

美国科学家曾经做过一个这样的实验：把五只黑熊关在一个笼子里，笼子上头有一罐蜂蜜。实验人员装了一个自动装置，若是侦测到有黑熊要去拿蜂蜜，马上就会有水喷向笼子，这五只黑熊马上会被淋湿。

首先有只黑熊想去拿蜂蜜，水马上喷出来。每只黑熊都淋湿了，每只黑熊都去尝试了，发现都是如此。于是黑熊们达到一个共识：不要去拿蜂蜜！因为有水会喷出来！后来实验人员把其中的一只黑熊换掉，换一只新黑熊（在此我们把它简称为 A 黑熊）关到笼子里。这只 A 黑熊看到蜂蜜，马上想要去拿，结果被其他四只旧黑熊狠揍一顿。

因为其他四只黑熊认为新黑熊会害它们被水淋到，所以制止这只新黑熊去拿蜂蜜。这只新黑熊尝试了几次，被打的满头包，还是没有拿到蜂蜜，当然这五只黑熊就没有被水喷到。后来实验人员再把一只旧黑熊换掉，换另外一只新黑熊（称为 B 黑熊）关到笼子里，这只 B 黑熊看到蜂蜜，当然也是马上要去拿，结果也是被其他四只黑熊揍了一顿。那只 A 黑熊打的特别用力，就像老兵欺负新兵。

B黑熊试了几次总是被打的很惨，只好作罢，后来慢慢的一只一只的，所有的旧黑熊都换成新黑熊了。大家都不敢去动那蜂蜜，但是它们都不知道为什么，只知道去动蜂蜜会被揍。

当你接受某种环境的制约而失去反省及思考能力时，将永远不会有新的解决方法，个人的能力就成为负成长，长此以往将成为窠臼，也就会变成"不长进"。反思我们自己，有很多人会身陷环境所给予的价值观中，而不能自拔，对本属于自己的玉米只敢远观而不能近取。

2. 把鸡蛋竖起来

在现实生活中，只有庸人才会把别人的成功看作偶然和巧合，看不到成功者背后的艰辛和汗水，更看不到开创者勇于探索的精神和敢为人先的勇气。

哥伦布花了18年时间精心筹划准备横越大西洋。其间，他受尽别人的嘲笑和奚落，被认为是愚蠢的梦想家。

经过无数次辩论和游说，他的真诚和信念最后感动了西班牙国王和王后，他们给了哥伦布远航的船只。哥伦布成功地渡过了大西洋，并发现了美洲大陆。

当哥伦布回到西班牙时，举国上下一片欢腾，人们对哥伦布充满了崇敬之情。国王和王后在宫廷里宴请他，异常兴奋地听他讲述航海过程中遇到的奇闻轶事。

哥伦布的成功和荣耀引起了很多人的妒忌。他们说："不就是一个因贫穷而做白日梦的穷水手吗？只要有足够大的船只，谁不能横渡大西洋呢？"

听了别人的议论，哥伦布没有恼怒。他从容地站起来，对大家说："如果你们有兴趣，我想提议在座的每一位做一个小小的游戏。很简单。

看谁能把一个鸡蛋竖立起来。"

每个人都尝试着把鸡蛋竖立起来，结果都失败了。最后大家一致认为，这是不可能办到的事情。这时，哥伦布顺手拿起一个鸡蛋，把尖端往桌面上轻轻一磕，鸡蛋就稳稳地立住了。

哥伦布表情严肃地说："各位，你们都说这件事情不可能办到，但我做到了。这是世界上最简单的事情，但等你们知道应该怎么做之后，谁都能做到了——关键在于谁先想到。"

鲁迅先生说："第一个吃螃蟹的人是很令人佩服的，不是勇士谁敢吃它呢？像这种人我们应当极端感谢。"鲁迅之所以对探索精神给予这么高的评价，就因为探索的勇气和信心是成功的保证。机会面前，人人平等，关键在于谁先想到。不要抱怨别人总是把机会抢走，先问问自己在想什么。

3. 郑和的壮举

纵观古今中外，漫溯历史长河，我们发现，人类文明前进的每一步，都留下了深深的探索足迹，人类也正是凭着这种精神打开了一个又一个未知世界的神秘之门。

1405 年 7 月 11 日，明成祖命郑和率领由二百四十多艘海船、二万七千四百名士兵和船员组成的庞大的远航船队，访问了 30 多个在西太平洋和印度洋的国家和地区，加深了中国同东南亚、东非的友好关系。每次都由苏州刘家港出发，一直到 1433 年，他一共远航了七次之多。最后一次，宣德八年四月回程到古里时，在船上因病去世。民间故事《三保太监西洋记通俗演义》将他的旅行探险称之为三保太监下西洋。

郑和先后七次出使西洋，加强了中国和西洋各地的联系，扩大了国际贸易。其对"唐人"产生巨大而深远的影响，则是人们没有想到的。郑和的船队一到有"唐人"的国家，居住在这些国家的"唐人"便奔走相告，欣喜万分。他们的这种欣喜，是因为郑和带来的是强大的国威。

郑和每到一个地方，先按国家礼节去拜访该国的国王，并送上携带的珍贵礼物，仅这些代表中国文化的珍贵礼物，就令所在国的国王、大臣、王公贵族刮目相看。当地人则更为郑和庞大的船队所镇惊，得知这些"唐人"的后面原来有这么一个强大的国家，因而对"唐人"不敢轻视，从而大大提高了"唐人"在国外的地位，促使了唐人街的形成。

郑和出使西洋揭开了世界大航海时代的序幕，是中国拥抱外部世界的象征；正是由于他坚持不懈的探索精神，将中国的航海事业铭刻在世界航海史的里程碑上。

4. 李时珍尝百草

探索，是人类文明发展的动力，也是生活中不可缺少的一种精神。现代科技的每一点成果都是人们勇于探索的结果。当然探索需要智慧，但更不能缺少勇气。当我们遇到一道难题时，如果我们胆怯了，失去了探索的勇气，那么就一定不能得到最后的答案。

李时珍淡泊名利，所以在太医院任职一年之后，就托病回家了。他一路上观赏着祖国壮丽的山川美景，一边体察沿途各地的风土人情，一边随时随地注意收集民间的医药知识。在不知不觉中就回到了自己的家乡蕲州。42岁的李时珍觉得自己对社会和自然都有了比较全面的认识。在当时的社会环境中，踏踏实实做学问才是他应该走的路。从此，他将全身心的精力投放在编修《本草纲目》的事业上。

李时珍师徒三人头戴斗笠，肩背药筐，从家乡出发，不远万里遍访安徽、江西、湖南、江苏、河南、河北等许多地方，向农叟渔翁和樵夫铃医虚心请教；在大别山、桐柏山、大洪山、幕阜山、伏牛山和茅山上，都留下了他们艰辛探索的足迹。他们采集了许多珍贵的药物标本，写下了成千上万字的访问记录和笔记，这些都为进一步整理研究本草积累了丰富的第一手资料。

采药期间，他们拜能者为师，勤于实地考察和严谨的治学精神，使他们发现了许多种前代本草书籍不曾记载的新药。

师徒三人在武当山，想尽办法采到了听人说过的曼陀罗带回家中，李时珍还亲口饮用过用曼陀罗花籽浸的酒，以验证它确有使人麻醉，让人自歌自舞的功效，这可真是以生命为代价啊！

多次登临武当山，李时珍发现过一种叫"榔梅"的新药。它的树干和枝叶像榆树，果实像梅子，果核又像桃核。它具有生津止渴，精神下气的功效。道士们每年采集一些榔梅果，用蜜煎过，作为贡品献到皇宫里去。

李时珍师徒到过龙峰山，是为观察捕蛇人捕捉和炮制白花蛇的过程。李时珍在西南地区还发现了伤科特效药三七，所谓"为金疮要药，云有奇功"正是说的此药，而旧本草却没有记载。他亲自解剖穿山甲，从其中一只的胃中取出一升左右的蚂蚁，证明了穿山甲食蚁的特性。

李时珍还从民间搜集到许多药物学知识。比如河豚的眼睛和肝脏有毒；刀豆吃了能止打呃；旋花熬汤可治筋骨痛；大豆加甘草可以解毒；他还搜集了"穿山甲，王不留，妇人吃了奶长流"（两种药物可以促奶）之类的顺口溜。

十五六年的野外考察，用艰难困苦换来了大量详实可信的材料。接下来便是仔细分析整理那些搜集到的药物资料，反复比较，艰苦探索。"稿凡三易，然后生成。"从1552年李时珍35岁起，直到1578年61岁止，经过27年含辛茹苦的艰辛努力，他的宏伟志愿实现了：规模巨大的《本草纲目》终于定稿成书。

李时珍对科学的探索献身精神和卓越贡献，得到了世界人民的赞许和怀念。著名的英国科学史大师李约瑟认为，在西方自然科学尚未传入中国的 16 世纪，"李时珍达到了与伽利略——维萨里的科学活动所隔绝的任何科学家所不能达到的最高水平。"

Part5 "审度时宜，虑定而定"——审时度势

1. "射空"的子弹

当你面临困境的时候，一定要分析出对自己的利弊关系，然后再审时度势地化解困境，聪明人是不会逞一时之勇的。

由于仓库又到了一批新货，超市管理员莫里凯凌晨三点才下班，走在深夜的伦敦街道上，他的脚步十分急促。突然，眼前小巷中黑影一闪，一个穿着风衣的健壮男子挡住了他的去路，冷声喝道："站住，别动！"

莫里凯看着抢匪手中的左轮枪，慢慢地举起双手，任由抢匪将他的钱夹搜刮而去。就在抢匪准备离开之际，莫里凯突然出声叫住了抢匪。

莫里凯说："先生，你抢走我的钱没有关系。可是，我家里有一个极其凶悍的老婆，我回到家里，要是告诉她我被抢了，她一定不肯相信，会责怪我是因为去赌博，而把钱给输光了。"

"那关我什么事？"抢匪冷言说道。

"能不能麻烦你，用手枪在我的帽子上射一个洞，这样我回去比较好交代。"莫里凯哀求道。

经不起莫里凯的再三恳求，抢匪勉为其难地在他的帽子上开了一枪，随后，莫里凯又说为了逼真，要求抢匪在他的外套、手套、靴子，甚至于手帕上，都留下弹孔。

等到这一切结束之后，身材瘦小的抢匪准备扬长而去，莫里凯不慌不

忙地拦住了抢匪，微笑着说："枪里的子弹都打完了，我的钱夹该还给我了吧！"于是，抢匪手中的财物又物归原主。

莫里凯最大的敌人不是抢匪，因为抢匪是一个"弱不禁风"的人，他最大的敌人正是枪里的子弹，这才是他真正无法阻挡的力量，莫里凯通过巧妙的方式，让一支致命的手枪变成一个毫无杀伤力的小铁块，巧妙地化解了这场危机。

2. 最"简短"的演讲

识时务者为俊杰。识时务，善变通，英雄干惊天动地的伟业当如此，凡人过平平常常的生活亦应这样。识时务，方可因时而动，相机而行；善变通，方可趋利避害，取舍得宜。

美国总统艾森豪威尔，有一天晚上应邀参加退伍军人聚餐会，被安排做压轴的演说。

在他上台之前，有五个显赫的大人物一个接一个地上台发表长篇大论，内容差不多都是推崇退伍军人对国家的伟大贡献，要好好照顾军眷等等。

轮到艾森豪威尔上台时已接近八点了，他一看台下众人，不是饥肠辘辘就是昏昏欲睡，于是他决定舍弃准备好的演讲稿。

他略微调整了一下麦克风，然后他说："每篇文章都应该有个完整的结尾，就让我来做个结束的句点吧。"说完，艾森豪威尔就走下了台。

可想而知，他的这段话赢得了所有人的掌声。

人生中的问题并非只有一个标准的答案，我们需要懂得让自己在不同的环境中都能找到最佳的表达方式。该说话时不要沉默，该沉默时就不要高谈阔论。能够随时随地扮演好自己的角色，找到自己的最佳定位，那么，距离成功就不远了。

3. "玩笑话"得到的王位

鬼谷子在《逸文》中说："圣人之所以能永垂不朽，就是能把握时机的变化。"所以无论在行动上，还是计划上，都要重视形势的重要性，根据形势的变化作适当的调整。

《圣经》中有这样一则故事：

一天，雅各正在家里煮红豆汤。以扫打猎回来了，他在山里奔波了一天，又累又饿，便对雅各说："我饿得肚子咕咕叫，给我些红豆汤喝吧。"雅各点点头，不露声色地说："这好说，不过你要把你的长子权利让给我。"以扫回答说："你看，我简直快要饿死了，还要长子权干吗？好吧！我就把长子权让给你。"

雅各忽地站起来，紧逼着说："这可不是儿戏话，你要在上帝面前发誓。"以扫不以为然地说："好吧，我发誓。"当以扫发完誓后，雅各便给了他一些面包和红豆汤，以扫狼吞虎咽地吃完，拍拍屁股，站起来便走了，什么长子权不长子权的，他早已忘到了脑后。谁知，正是这一句玩笑话，使得雅各在继承父亲的王位时顶替了以扫。

雅各在最适当的时机，以最小的成本换取了最大的成果。

第八章

挑战自我，方能不断超越

——"男子汉"发展篇

人生是一个不断超越自己从而达到新的目标的过程。精彩的人生需要不断地挑战自我。战胜自己的过程可以使一个人成长起来，战胜自己的过程更可以让一个人发觉自己身上的无限潜能，只有战胜自己、超越自己，才会让人意识到自己生存的价值。

Part1 "灰心生失望,失望生动摇" ——相信自己

1. 空无一字的纸条

人生就像是在波涛汹涌的大海中航行的小船,遇到风浪在所难免。只有自信才能让你穿越汹涌的波涛,跨出生活的低谷;只有自信才会让你坚持自己的航程,直抵胜利的彼岸。

有一位年轻歌手,第一次登台演出时,内心十分紧张。想到自己马上就要上场,面对台下上千双眼睛,手心都不停地冒汗:"要是在舞台上一紧张,忘了歌词怎么办?"越想,她心跳得越快,甚至产生了打退堂鼓的念头。

就在这时,一位长者笑着走了过来,随手将一卷纸团塞到她的手里,低声说道:"这上面是你要唱的歌词,如果你在台上忘了词,就打开来看。"歌手握着这卷纸团,像握着一根救命的稻草,匆匆上了台。也许有那个纸团握在手里,她的心里踏实了许多。她在台上发挥得很出色,完全没有失常。

她高兴地走下舞台,向那位长者致谢。长者却笑着说:"其实你最该感谢的人是你自己,是你自己战胜了自己,找回了自信。其实,我给你的是一张白纸,上面根本没有写什么歌词!"她展开手心里的纸团,果然上面什么也没写。她感到惊讶,自己凭着握住一张白纸,竟顺利地渡过了难关,获得了演出的成功。

"你握住的这张白纸,并不是一张白纸,而是你的自信啊!"长者说。

歌手拜谢了长者。在以后的人生路上,她就是凭着握住自信,战胜了

一个又一个困难，取得了一次又一次成功。

自信对一个人的成功很重要，一个有自信的人，比没自信的人更容易成功，因为有自信的人会向着他的目标勇往直前，而没有自信的人会担心、会焦虑，怕失败，于是到最后什么也干不成。

2. "一定是乐谱错了!"

人生需要坚定的信念。生活的道路难以一帆风顺，甚至荆棘丛生、充满坎坷。但只要有坚定的信念，就总会看到希望，看到曙光。人生价值并不在于成功后的荣光，而在于追求的本身，在于对信念的树立与坚持。

小泽征尔是世界著名的交响乐指挥家，一次他去欧洲参加世界优秀交响乐指挥大师的比赛，决赛时，小泽征尔最后一个出场。评委交给他一张乐谱，小泽征尔稍做准备便全神贯注地指挥起来。

乐曲演奏到一半的时候，小泽征尔敏锐地发觉到乐曲中出现了一点不和谐，开始他以为是演奏错了，就指挥乐队停下来重奏，但仍觉得不自然，他感到乐谱本身有问题。可是，在场的作曲家和评委会权威人士都声称乐谱不会有问题，是他的错觉。面对几百名国际音乐界权威，他不免对自己的判断产生了动摇。

但是，他考虑再三，坚信自己的判断是正确的。于是，他大声说："不! 一定是乐谱错了!"他的话音刚落，评判席上那些评委们立即站起来，向他报以热烈的掌声，祝贺他大赛夺魁。

摇摆不定是牵绊成功的最大因素，人之所以会摇摆不定，就是因为心中缺乏坚定的信念。信念的缺失导致生活中的屡次失败，所以，无论做什么事，一旦决定下来，就要有坚定的信念。

3. 不要让迷雾迷惑了心灵

"这个世界上没有谁能使你倒下，如果你的信念还没倒的话。"人的一生中，失败挫折是常事，之所以有的人能迎难而上，有的人临阵逃脱。就是因为他是否自信，坚持到最后的人并是不有什么神力，而是他心中有着坚定的信念，这种信念给了他希望，让他向前看，敞开胸怀去迎接美好的未来，而不是沉浸在痛苦的失败里。

1953 年，世界著名游泳选手弗洛伦丝·查德威克计划从卡德林那岛游向加利福尼亚。两年前，她曾成功地只身横渡英吉利海峡，现在她想再创一项非同凡响的纪录。

就在这一年的某一天，当她游近加利福尼亚海岸时，她嘴唇冻得发紫，全身一阵阵颤抖。她已经在水里泡了 16 个小时，前面雾气霭霭，看不见海滩，而且也难以辨认伴随她的小艇。

查德威克感到自己已筋疲力尽了，更使她灰心的是在茫茫大海中看不到目标。她感到再也难以支持了，于是向小艇上的人请求："把我拖上来吧，我不行了。"艇上的人劝她再坚持一下："只有一英里了，目标就在眼前，放弃就意味着失败。"

"把我拉上来吧。"她再三请求。

于是冷得发抖、浑身湿淋淋的查德威克被同伴拉上了小艇。

后来查德威克很后悔，她告诉记者：如果看到了海岸，就一定会坚持到终点。大雾阻止了她夺取最后的胜利。

但这件事过了不久，查德威克认识到，其实，阻碍她成功的不是大雾而是她内心的疑惑。是她自己让大雾挡住了视线，迷惑了心灵，先是对自己失去了信心，然后才被大雾俘虏了。

两个月后，查德威克再一次尝试着游向加利福尼亚。浓雾还是笼罩在她的周围，海水还是冰冷刺骨，同样还是望不见海岸。但这次她坚持了下来，她知道陆地就在前方，她奋力向前游，因为，陆地就在她的心中。最后她成功了！

查德威克在两次自我能力的挑战中，信心使得她战胜了自己内心的害怕和失望，最终她征服了海峡也征服了自己。

每个人都可以使梦想成为现实，但首先你必须拥有能够实现这一梦想的信念。千万不要让形形色色的雾迷惑了你的心灵，不要让雾俘虏了你。你面临的雾也许不是弥漫在加利福尼亚上空的，它们在任何时候、在任何地方都可能会出现。驱散迷雾，坚持自己的信念，成功才会出现在伸手可及的地方。

4. 杂技高手的"请求"

在我们现实工作中，许多人都会说：我相信我自己，我是最棒的！当我们在喊这些口号时，我们是否真的相信自己？我们会不会一出门后或遇到一点困难就忘掉刚才所喊的这句话呢？

有一位顶尖级的杂技高手，一次，他参加了一个极具挑战性的演出，这次演出的主题是在两座山之间的悬崖上架一条钢丝，而他的表演节目是从钢丝的这边走到另一边。

演出就要开始了，整座山聚满了观众，其中有记者、有主办单位、赞助商和看热闹的人群。这时，只见杂技高手跨上悬在山间钢丝的一头，然后用眼睛注视着前方的目标，并伸开双臂，一步、二步、三步，慢慢的杂技高手终于顺利地走了过去，这时，整座山响起了热烈的掌声和欢呼声。

"我要再表演一次，这次我要绑住我的双手走到另一边，你们相信我可以做到吗？"杂技高手对所有的人说。人们知道走钢丝靠的是双手的平衡，而他竟然要把双手绑上。但是，因为大家都想知道结果，所以都说：

"我们相信你的,你是最棒的!"杂技高手真的用绳子绑住了双手,然后用同样的方式一步、两步,终于又走了过去,"太棒了,太不可思议了!"所有的人都报以热烈的掌声。但没想到的是杂技高手又对所有的人说:"我再表演一次,这次我同样绑住双手然后把眼睛蒙上,你们相信我可以走过去吗?"所有的人都说:"我们相信你!你是最棒的!你一定可以做到的!"

杂技高手从身上拿出一块黑布蒙住了眼睛用脚慢慢地摸索到钢丝,然后一步一步地往前走,所有的人都屏住呼吸为他捏一把汗。终于,他走过去了!掌声雷动!"你真棒!你是最棒的!你是世界第一!"所有的人都在呐喊着。

表演好像还没有结束,只见杂技高手从人群中抱起一个孩子,然后对所有的人说:"这是我的儿子,我要把他放到我的肩膀上,我同样还是绑住双手蒙住眼睛走到钢丝的另一边,你们相信我吗?"所有的人都说:"我们相信你!你是最棒的!你一定可以走过去的!"

"真的相信我吗?"杂技高手问道。

"相信你!真的相信你!"所有的人都说。

"我再问一次,你们真的相信我吗?"

"相信!绝对相信你!你是最棒的!"所有的人大声回答。

"那好,既然你们都相信我,那我把我的儿子放下来,换上你们的孩子,有愿意的吗?"杂技高手说。

这时,满场上鸦雀无声,再也没有人敢说相信了。

只有自己真的相信,才能让别人相信你。只有自己感动了,才能感动别人。我们首先要相信自己,这样才会从中找到感觉,感觉好了,才会有行动的欲望,行动多了,才会有经验,经验丰富了,才会出业绩,有了业绩就会更加相信,从而找到更好的感觉、更积极的行动。

Part2 "行是知之始，知是行之成"——马上行动

1. 生活在河流两边的人

"世界上牵引力最大的火车头停在铁轨上，为了防滑，只需在它8个驱动轮前面塞一块一英寸见方的木块，这个庞然大物就无法动弹。然而，一旦这台巨型火车头开始启动，这小小的木块就再也挡不住它了；当它的时速达到100英里时，一堵5英尺厚的钢筋混凝土墙也能轻而易举被它撞穿。"

在远古的时候，有两个朋友，相伴一起去遥远的地方寻找人生的幸福和快乐，一路上风餐露宿，在即将到达目的地的时候，遇到了一条风急浪高的大河，而河的彼岸就是幸福和快乐的天堂，对于如何渡过这条河，两个人产生了不同的意见，一个建议采伐附近的树木造一条木船渡过河去，另一个则认为无论哪种办法都不可能渡得了这条河，与其自寻烦恼，不如等这条河流干了，再轻轻松松地走过去。

于是，建议造船的人每天砍伐树木，辛苦而积极地制造船只，并顺带着学会游泳；而另一个则每天躺下休息睡觉，然后到河边观察河水流干了没有。直到有一天，已经造好船的朋友准备扬帆渡河的时候，另一个人还在讥笑他的愚蠢。

不过，造船的朋友并不生气，临走前只对他的朋友说了一句话："去做每一件事不见得都成功，但不去做每一件事则一定没有机会得到成功！"

能想到躺到河水流干了再过河，这确实是一个"伟大"的创意，可惜的是，这却仅仅是个注定永远失败的"伟大"创意而已。

这条大河终究没有干枯掉，而那位造船的朋友经历一番风浪也最终到达了幸福与快乐的彼岸，这两人后来在这条河的两个岸边定居了下来，也都衍生了许多自己的子孙后代。河的一边叫幸福和快乐的沃土，生活着一群我们称为勤奋和勇敢的人，河的另一边叫失败和失落的原地，生活着一群我们称之为懒惰和懦弱的人。

梦想不等于幻想，无论你走了多久，走得多累，都千万不要在"成功"的家门口躺下休息，切记，躺着思想，不如站起行动！

2. "消失"的草莓

对于成功来说，单单设定和分解目标是远远不够的，即使你具备了知识、技巧、能力、良好的态度与成功的方法，懂的比任何人都多，如果你不采取行动，一切美好的愿望也都只是虚无缥缈、可望不可即的海市蜃楼。

海伦是一个可爱的小姑娘，可是她有一个坏习惯，那就是她每做一件事情，都要花费大量的时间来抉择与准备，而不是马上行动，所以总是后悔不已。

一天，邻居告诉她史密斯家的牧场里有很好的草莓可以自由采摘，他愿意以每夸脱15美分的价格收购。海伦听到这个消息后，高兴坏了，谢过邻居，马上回家准备。

到了家里，她不是立刻找出篮子准备出门，而是在家里埋头计算采5夸脱草莓可以挣多少钱。她拿出一支笔和一块小木板，认真计算起来，结果是75美分。

"要是能采10夸脱呢？"她满怀希望地想着，"那我又能赚多少呢？"

她得出答案，"我能得到1美元50美分呢。我可以买回那条我向往已久的项链了，它就挂在镇上贝迪的服饰店里。"

海伦接着算下去，"要是我采了 50、100、200 夸脱……"她将一早上的时间都浪费在计算这些毫无意义的数字上，转眼已经到了吃午饭的时间，她只得下午再去采草莓了。

海伦吃过午饭后，急急忙忙地拿起篮子向牧场赶去，到那里时，发现大家早就把好的草莓都摘光了，只剩下一些还没有成熟的草莓。可怜的小海伦最终只采到了一夸脱小草莓，自然一切幻想都泡汤了。

如果你有一个梦想，或者决定做一件事，就应该立刻行动起来。要知道，100 次心动不如一次行动，一个实干者胜过 100 个空想家。

3. 上帝的无奈

要成功就要把希望放在明天，把计划放在今天，把行动放在现在。心动而没有行动，幸运和机遇会与你擦肩而过，心动而有行动，即使失败了，也不会留下遗憾。

在某一个不太大的城市里，有这样一个落魄而又不得志的中年人，整天什么都不想干，可是，三天两头就到教堂祈祷，而且他的祈祷词每次大致相同。

第一次到教堂时，他跪在圣坛前开始祈祷："上帝啊，请念在我多年来敬畏您老人家的份上，让我中一次彩票吧！阿门。"

几天后，他又垂头丧气地来到教堂，同样跪在圣坛前祈祷："上帝啊，您老人家为何不让我中彩票？我愿意更谦卑地侍奉您，求您让我中一次彩票吧！阿门。"

又过了几天，他再次来到教堂，同样跪在圣坛前祈祷，用相似的祈祷词，重复、不间断、周而复始地向"上帝"祈求着。

也不知过了多长时间，他又一次来到圣坛前跪地祈祷："我的上帝，为何您老人家不聆听我的祈祷呀？我再次求求您老人家，就让我中一次彩票吧，我不贪财，要我中一次就行，我愿意终身侍奉您，把您老人家请到更大的房子里……"

就在这个时候，圣坛上空发出一阵庄严的声音："我就是你总在祈祷的上帝，我一直在聆听你的祈祷，我也是真的很想帮你，可是，最起码，你也该先去买一张彩票吧?"

他听到后，真的感到头晕眼花，一屁股坐在地上，再也起不来了……

"心动不如行动"，"行为改变思维"。你想要有收获，就一定要有最起码的付出。你要得到多少，就要付出多少。梦想要靠行动来实现，机遇要靠行动来把握。

4. 两个哈佛学生的命运

先有精深的专业知识才从事创造的人并不多，不少成就一番事业的人，都是在知识不多时，就直接对准了目标，然后在创造的过程中，根据需要补充知识。

1973 年，英国利物浦市一个叫科莱特的青年，考入了美国哈佛大学，常和他坐在一起听课的，是一位 18 岁的美国小伙子。

大学二年级那年，这位小伙子和科莱特商议，一起退学，去开发 32Bit 财务软件。当时，科莱特感到非常惊诧，因为他认为自己是来求学的，不是来闹着玩的。再说，对 Bit 系统，他们才学了点皮毛，要开发 Bit 财务软件，不学完大学的全部课程怎么能行呢? 他委婉地拒绝了那位小伙子的邀请。

十年后，科莱特成为哈佛大学计算机系 Bit 方面的博士研究生。那位退学的小伙子也是在这一年，进入美国《福布斯》杂志亿万富豪排行榜。

又过了近十年，科莱特继续博士后的学习；而那位美国小伙子的个人资产，在这一年则达到 65 亿美元，成为美国第二富豪。

1995 年，科莱特认为自己已具备了足够的学识，可以研究和开发 32Bit 财务软件了，而那位小伙子则已绕过 Bit 系统，开发出了 Eip 财务软件，它比 Bit 快 1500 倍，并且在两周内占领了全球市场。这一年，那位小伙子成了世界首富。他就是名字已传遍全球每个角落、成为成功象征的比尔·盖茨。

想要做一件事，如果等所有的条件都成熟才去行动，也许要永远等下去。拿定主意后，立即行动，才是成功的关键。

5. 寒号鸟的惨剧

万事开头难！要干成一件事情，人们总是觉得迈出第一步困难重重，总是下不了决心。于是便迟疑不决，犹豫不定，今日推明日，明日推后天，这样推来推去便延误了时间，也就推迟了成功之日的到来。

传说有一种小鸟，叫寒号鸟。这种鸟与众鸟不同，它长着四只脚，两只光秃秃的肉翅膀，不会像一般的鸟那样飞行。

夏天的时候，寒号鸟全身长满了绚丽的羽毛，样子十分美丽。寒号鸟骄傲得不得了，觉得自己是天底下最漂亮的鸟了，连凤凰也不能同自己相比。于是它整天摇晃着羽毛，到处走来走去，还扬扬得意地唱着："凤凰不如我！凤凰不如我！"

夏天过去了，秋天到来，鸟们都各自忙开了，它们有的开始结伴飞到南方，准备在那里度过温暖的冬天；有的留下来，就整天辛勤忙碌，积蓄食物啦，修理窝巢啦，做好过冬的准备工作。只有寒号鸟，既没有飞到南方去的本领，又不愿辛勤劳动，仍然是整日东游西荡的，还在一个劲地到处炫耀自己身上漂亮的羽毛。

冬天终于来了，天气寒冷极了，鸟们都回到自己温暖的窝巢里。这时的寒号鸟，身上漂亮的羽毛都脱落光了。夜间，它躲在石缝里，冻得浑身直哆嗦，它不停地叫着："好冷啊，好冷啊，等到天亮了就造个窝啊！"等到天亮后，太阳出来了，温暖的阳光一照，寒号鸟又忘记了夜晚的寒冷，于是它又不停地唱着："得过且过！得过且过！太阳下面暖和！太阳下面暖和！"

寒号鸟就这样一天天地混着，过一天是一天，一直没能给自己造个窝。最后，它没能混过寒冷的冬天，终于冻死在岩石缝里了。

立刻行动不但是一种良好的习惯和态度，也是每一个成功者共有的特质。什么事情你一旦拖延，就会总是拖延。如果你一旦开始行动，通常就能坚持到底。凡事采取行动就已是成功的一半，第一步是最重要的一步，行动永远应该从第一秒开始，绝不是第二秒。

Part3 "水不激不跃，人不激不奋"——适当激励

1. "沉醉"于花园的孩子

世界的运行离不开阳光，激励就是一个人成长道路上的阳光。适时、适当的激励可以激发一个人的潜能。激励促使成功，抱怨导致失败，不懂得给别人激励是一种间接的伤害。

有一个性格很内向的男孩子，他在学校里的各门功课差极了，老师说他沉默寡言、行为怪异，智力好像有一些问题。看上去，孩子的确有些不正常，他常常坐在屋前的花园里看那些花草小虫，一看就是很长的时间。

每当孩子的父亲听到这些后，就会训斥他："你看看你，每天除了打猎、养狗、捉老鼠以外，你什么都不操心。照你这样下去，你什么都学不

会，将来不仅会有辱你自己，也会有辱我们的整个家庭。"

男孩的姐姐对自己的弟弟也是不怎么友好，两个孩子在同一所学校学习，她的成绩很好，经常受到老师的表扬，她非常不想让别人知道自己有一个如此差劲的弟弟。

但是，男孩子的母亲同情自己的孩子，便对丈夫说："如果孩子没有那些乐趣，不知道他的生活还会有什么色彩。你这样对他不公平，让他慢慢学会改变吧。"

对于她的说法，丈夫觉得不可理喻："你这是怜悯，不是教育，你会毁了他的一生。"

但是，男孩子的母亲却固执己见，她认为男孩子还小，需要她的安慰和鼓励。母亲支持男孩子到花园里去，她还耍了一个小心眼，让男孩子的姐姐也去。

母亲对男孩子和他的姐姐说："比一下吧，孩子们，看看准先从花瓣上认出这是什么花。"男孩子比他的姐姐认得快，于是，她就吻了他一下。这对孩子来说是多么令人兴奋的事啊！他回答了姐姐无法回答的问题。他开始整天研究花园里的植物、蝴蝶，甚至观察蝴蝶翅膀上斑点的数量。

数年后，这位醉心于花园之中的孩子，成为了学科专家，提出了著名的进化论。他就是英国著名生物学家——达尔文。

每个人都不应该忽视激励的力量，一个会心的微笑就可以改变一个人的一生。所以，请多给你的亲人和朋友以善意的支持吧。即使激励暂时没有什么效果，但是请相信激励的力量会牵引着他走很远很远。

2. 老农、蛇与小鸟

贪婪是人和动物的本性，在生活面前，他们都会有各种欲望所求，每一个人都会对一件事物产生占有欲，这是很正常的，你看到的人的贪婪是因为某些人没有对这些欲望做出很好的控制。这时就不应该对他进行激励或者放任，否则只会带来不良的后果。

有一位老农去田地里干活，偶然发现水田边游动着一条蛇，嘴里还叼着一只小鸟。

老农可怜那只小鸟，便动了恻隐之心，俯下身来从蛇口救下了小鸟。但随后，老农又开始为那条蛇将要挨饿而感到难过。因为没有什么吃的东西，他便拿出一瓶酒往蛇的口中滴了几滴。

蛇喝了酒快乐地游走了，小鸟也为重获新生而高兴，老农更为自己的善行而欣慰。他认为这是一个皆大欢喜的结果。

不久，老农突然听见一阵"呲"、"呲"的声音，他低头一看，几乎不敢相信自己的眼睛：原来那条蛇又回来了，且嘴里还叼着两只小鸟——它在等待老农给予酒的奖赏！

老农给蛇几滴酒喝，本来只是为了补偿蛇失去小鸟的痛苦，而蛇意识到它的这种行为是有利可图的，它把赏酒当成了一种奖励，于是，便捉了更多的小鸟，希望得到老农更多的奖赏。

老农不禁后悔，感慨道："我救了一只鸟，却害了更多的鸟。如果当初我只救走小鸟，而不给予蛇几滴酒的补偿的话，它是不会咬着小鸟再次回到我身边的。"

俗话说得好："种瓜得瓜，种豆得豆。"不当的激励只会使瓜不成瓜，豆不成豆。在激励别人时，最忌讳的莫过于激励的初衷与激励的结果存在很大差距，甚至背道而驰。所以，在激励之前，一定要斟酌再三，这样的行为是否值得肯定，该肯定什么，会带来什么样的结果。

3. 一个签名和一句话的力量

"良言一句暖三冬"。适当的赞美就像雨中送伞、雪中送炭，能给困境中的人增添勇气，让阴霾的天空布满阳光，让冰冻的心田如沐春风，让处在黑暗中的人看到希望，让奔跑中的人更加奋发进取。

英国一支著名的球队要在体育场进行一场赛前训练，一大早，体育场门口就聚集着很多拿着签名本、捧着球衣、抱着足球的男孩子们，他们的目标是一位叫罗奥的球星，他是球队的精准射手，能够和自己的偶像亲密接触，是男孩们梦寐以求的事情。

正当这些孩子们正在翘首以待之时，罗奥来到体育场了，他礼貌性地冲这些孩子们微笑，不厌其烦地给他们签名。教练和队友们在喊他了，他一边走向球场，一边向没有得到签名的男孩们说致歉。

来到球场上，罗奥准备接队友传过来的球，他高高跃起，落地时却把脚扭了一下，他不得不走到球场边，接受队医的检查和治疗。

突然，罗奥想起那些失望的男孩们："队医，麻烦您去球场外看看那些男孩还在不在。如果他们愿意，我想把他们的签名本、球衣或足球拿回我的宿舍给他们签名。明天再找人还给他们……我想他们应该很棒。"

片刻之后，队医回来了，他手里拿着一只足球说："现在外面只剩下一个男孩了，知道你答应给他签名，男孩很高兴。"

那天，罗奥在宿舍里，给这个男孩的足球签上了自己的名字，并让人把足球还给了男孩子。

若干年后，罗奥成为了一名优秀的足球教练，他在全国各地不停地挑选球员。某一天，一个小伙子突然闯进他的视野。那是一名在低级别联赛效力的球员，身材矮小，其貌不扬。可是他的盘带如行云流水，他的过人令人眼花缭乱，他的射门势大力沉，他的表情坚毅并且自信。

罗奥果断地将这个小伙子招至麾下。很快，在一场重要比赛中，这个小伙子独中两元，帮助球队取得胜利，一战成名，光芒四射，成为了足球界的一名"新星"。

罗奥和小伙子聊天时，问道："我听别人说，你的职业生涯并不顺利，甚至有几次，竟然有放弃踢球的打算。是什么力量，让你一直坚持下来？"

小伙子真诚地说："因为您，因为您的签名。您和您的签名，改变了我的一生。也许您已经不记得很多年前的那件事，但是我却记忆犹新。"

经小伙子的再三提醒，罗奥才想起来那件事情。可是，他搞不明白，不过只是一个签名而已，怎么能改变一个人的一生呢？

"那时，我是校队中球踢得最差的一个。那天没有得到您的签名，我很伤心，站在那里哭泣。后来，您的队医转告我，您可以帮我签名……您还说我很棒。第二天，我果真得到了您的签名。"

顿了顿，小伙子继续说道："一直以来，每当我想放弃足球的时候，我就想起您说的那句话：你很棒。再看看您的签名，我就坚持下来了。"

罗奥想起来，自己的话本来是"我想他们应该很棒"。队医在接过男孩足球的时候，将他的话改成了"罗奥说你很棒"。也许他是有意这么说的，也许只是一种无意的误传，但毫无疑问它促成了一个优秀的足球运动员。

一个签名改变了一个人的一生。外表再刚强的人，内心深处也都渴望得到人们的激励，处于失意的边缘，更需要人们的激励。对身边的人，我们不要吝啬自己的赞扬，一个鼓励的眼神，一句温暖的话语，都能使别人有信心、有勇气跨越人生的峡谷，走向成功的殿堂。

4. "一条腿"的烤鸡

每个人都有值得赞赏的地方，赞赏与赞美他人会使对方愉快，被赞美者的良性回报也会使你自己感到愉快，彼此得到了尊重。一句简单的赞美就可以给别人带来莫大的心理满足，从而形成了人际关系的良性循环。

宰相手下有一位著名的厨师，他的拿手好菜是烤鸡，他烤制的鸡外焦里嫩，肥而不腻，深得相府众人的喜爱，宰相本人更是把烤鸡列为每天的必备菜，否则就会感觉缺点什么。

但由于宰相并未给予厨师任何的奖励和赞扬，厨师整日闷闷不乐。

一天，宰相在府中设宴款待官员，他点了数道菜，其中一道是他最喜爱吃的烤鸡。

厨师奉命行事，然而，香味扑鼻的烤鸡上桌之后，宰相夹了一条鸡腿给客人时，却发现少了另外一条鸡腿。

宰相转过身，好奇地问身后的厨师："怎么回事？为什么只有一条鸡腿，另一条腿到哪里去了？"

厨师说："宰相，我们府里养的鸡都只有一条腿！"宰相感到诧异，但碍于客人在场，不便问个究竟。

等客人离开后，宰相叫来了厨师，要跟着厨师到鸡笼去查个究竟。

时值夜晚，所有的鸡都在睡觉，每只都只露出一条腿。

厨师指着这些鸡说："亲爱的宰相，您看，我们的鸡不全都是只有一条腿吗？"

宰相听后，便大声拍掌，吵醒了鸡，鸡当场被惊醒，都站了起来。

宰相恼火地说："你看，这些鸡不全是两条腿吗？"

厨师平静地说："对！对！不过，只有鼓掌拍手，才会有两条腿呀！"

"懂得赏识自己，知道赏识别人，经常得到周围人的赏识"，这种人的人格才是健全的、积极向上的。对于大多数人来说，没有比受到别人的赏识更能激发积极性的了。学会赏识他人，让别人的生活因为有了你的激励而更加美好，这是一个人走向成功不可忽视的因素。

5. 最重要的人

每个人都有强烈的自尊心和鲜明的荣誉感。给予一个人真诚的表扬与赞同，就是对他价值的最好承认和重视。真诚的欣赏和善意的赞许能拉近人与人的距离，消除陌生与隔阂。赞美别人并不需要你过多地付出什么，你要做的只是在与人交往的时候细心一点，找出别人的闪光点并给予恰当的肯定与赞扬。

第二次世界大战之后，日本面临着严重的经济危机影响，各大工厂企业的效益都很不理想。为了节约成本，挽救濒临倒闭的企业，一家大型的玩具生产公司，决定大规模裁员。

经过再三的斟酌考虑之后，董事会决定将这三种人列为裁员名单：清洁工、司机、无任何技术的保安人员，加起来共有50多人。

随后，为了顺利地开展裁员工作，总经理把这三种工作人员叫到了办公室，找他们谈话，说明了自己裁员的意图。

"我们很重要，如果没有我们打扫卫生，没有清洁优美、健康有序的工作环境，你们怎么能全身心投入工作?"清洁工说。

"我们很重要，这么多产品没有司机怎么能迅速销往市场，没有了市场公司怎么发展呢?"司机说。

"我们很重要，战争刚刚过去，许多人流落街头，如果没有我们，这些产品岂不要被流浪街头的乞丐偷光!"保安人员说。

听完他们的话，总经理觉得这些话都很有道理，权衡再三决定不裁员，重新制定管理策略，并在厂门口最明显的地方悬挂了一块大匾，上面写着："我很重要!"

从此，只要员工们一进厂子第一眼看到的便是"我很重要"四个大字。不管一线员工还是管理阶层，都有一种被重视的感觉，他们工作起来非常卖力。

一年之后，这家玩具公司从困境中走了出来，成为日本知名的企业。"我很重要"更是作为他们企业文化的核心灵魂被传承了下来。

万物各行其道，才运转了这个世界，人类社会同样如此，每个人各司其职才运转了这个社会，关注身边的每一个人，并及时向他们灌输"我很重要"的思想。当他人把"我很重要"变成一种惯性思维的时候，你的激励就成功了。

Part4 "经一番挫折，长一番见识"——正视失败

1. "描绘"出来的成功

"世界上的事情永远不是绝对的，结果因人而异，苦难对于天才是一块垫脚石，对能干的人是一笔财富，对于弱者是一个万丈深渊。"一个人只有在失败中吸取经验教训，体会方法，思考原因，才会变的成熟，逐渐走向成功。

有一个叫斯帕奇的小男孩儿，在学校里是出了名的挂科生。甚至直到中学，理科经常会考出零分，为此还背负了"全校有史以来物理成绩最糟糕学生"的头衔。

斯帕奇在拉丁语、代数以及英语等科目上的表现同样惨不忍睹，体育也不见得好多少。虽然他参加了学校的高尔夫球队，但在赛季唯一一次重

要比赛中，他输得丢人现眼。即使是在随后为失败者举行的安慰赛中，他的表现也是一塌糊涂。

在整个成长时期，斯帕奇笨嘴拙舌，社交场合从来就不见他的人影。这并不是说，其他人都不喜欢他或讨厌他。其实在人家眼里，他这个人仿佛不存在。如果有哪位同学在学校外主动向他问候一声，他会受宠若惊，感动不已。

他跟女孩子约会时会是怎样的情形，大概只有天才晓得。因为斯帕奇从来没有邀请过女孩子一起出去玩过。他太害羞，生怕被人无情地拒绝。

斯帕奇真是个无可救药的失败者，然而他对自己的表现似乎并不十分在意。从小到大，他只在意一件事情——绘画。

他深信自己拥有与生俱来的绘画才能，并为自己的作品深感自豪。但是，除了他本人以外，从来没有其他人看得上眼。上中学时，他向毕业年刊的编辑提交了几幅漫画，但最终全部落选。尽管有多次被退稿的痛苦经历，斯帕奇从未对自己的绘画才能失去信心，决心今后成为一名职业漫画家。

到了中学毕业那年，斯帕奇向当时的沃尔特·迪斯尼公司写了一封自荐信。该公司让他把漫画作品寄来看看，同时规定了漫画的主题。于是，斯帕奇开始为自己的前途奋斗。他全力以赴，以一丝不苟的态度完成许多幅漫画。然而，最终迪斯尼公司并没有录用他，他再一次吞下失败的苦果。

前途对斯帕奇来说十分渺茫。走投无路之际，他尝试着用画笔来描绘自己失败的人生经历。他以漫画语言讲述了自己灰暗的童年、不争气的青少年时光——一个学业糟糕的不及格生、一个屡遭退稿的所谓艺术家、一个没人注意的失败者。他的画也融入了自己多年来对画画的执着追求和对生活的真实体验。

连他自己都没想到，他所塑造的漫画角色一炮走红，连环漫画《花生》很快就风靡全世界。从画笔下走出了一个名叫查理·布朗的小男孩儿，这也是一名彻头彻尾的失败者：他的风筝从来就没有飞起来过，他也从来没踢好过一场橄榄球，他的朋友们都叫他"木头脑袋"。

熟悉小男孩儿斯帕奇的人都知道，这正是他早年平庸生活的真实写照。作者究竟是谁呢，他就是世界闻名的漫画家查尔斯·舒尔茨。其实，失败有时也是一笔财富。只要你能够认真看待失败，它就会为你带来智慧的源泉，成功的机遇。

2. "最伟大的总统"

人生中有成功就有失败，失败不意味着你是一个失败者，失败表明你尚未成功；失败不意味着你没有努力，失败表明你的努力还不够；失败不意味着你必须忏悔，失败表明你还要吸取教训；失败不意味着你一事无成，失败表明你得到了经验。

1816年，家人被赶出了居住的地方，他必须工作以抚养他们。1818年，母亲去世。1831年，他经商失败。1832年，他竞选州议员，但落选了，工作也丢了，想就读法学院，但进不去。1833年，向朋友借钱经商，但年底就破产了，接下来花了16年时间，才把债务还清。1834年，再次竞选州议员，赢了！1835年，订婚后即将结婚，未婚妻却死了，因此他的心也碎了！1836年，精神完全崩溃，卧病在床六个月。1838年，争取成为州议会的发言人，却没有成功。1840年，争取成为选举人，失败了！1843年，参加国会大选，落选了！

1846年，再次参加国会大选，这次当选了！前往华盛顿特区，表现可圈可点。1848年，寻求国会议员连任，失败了！1849年，想在自己的州内担任土地局长的工作，但被拒绝了！1854年，竞选美国参议员，落选了！1856年，在共和党的全国代表大会上争取副总统提名，得票却不到

100 张。1858 年，再度竞选美国参议员，再度落败了！1860 年，当选为美国总统。1864 年，他再度当选为美国总统。

他领导美国人民维护了国家统一，废除了奴隶制，为资本主义的发展扫除了障碍，促进了美国历史的发展，100 多年来，受到美国人民的尊敬。马克思曾经这样评价他："他是一位达到了伟大境界而仍然保持自己优良品质的罕见人物。这位出类拔萃和道德高尚的人竟是那样谦虚，以致只有在他成为殉道者倒下去之后，全世界才发现他是一位英雄。"

他就是被美国人尊崇为"最伟大的总统"、全美国的第一任平民总统——亚伯拉罕·林肯，据统计林肯曾八次竞选八次落败，两次经商两次失败，甚至精神完全崩溃。可是，每一次，他都挺了过来。他在一次竞选参议员落败后对民众这样说："此路艰辛而泥泞。我一只脚滑了一下，另一只脚也因而站不稳；但我知道，这不过是滑了一跤，并不是死去而爬不起来！失败是暂时的回避！"

没有谁生下来便被贴上了"失败"的标签。当我们在做任何一件有意义的事情时，不要把失败放在首先担忧的位置上。正如林肯总统所说：因为世上很多时候、很多场合，失败是暂时的回避！当你为一种信念而坚持、为一种追求而奋争、为一个目标而拼搏的时候，你最终会发现：你所遭遇的所谓"失败"，不过是前进路上的"成功"和"胜利"仅仅转了一下头或是"回避"了一下而已！

3. "36.7%" 次的击打率

凡真正的大智慧，往往源于失败的教训。古今中外，大多数成功者都经历过失败，可贵的是他们的勇气。失败不意味着你无法成功，失败表明你还需要一些时间；失败不意味着你会被打倒，失败表明你要微笑面对。

一个身陷困境的人去向智者请教："我是一个很失败的人，我做的事情几乎有一大半都是失败的，我想知道我该怎么做。"

智者沉思良久，说道："好吧，我给你一些建议，你去看一看《时代周刊》1970 年的年鉴第 930 页，也许会有所收获。"

那人去图书馆找到了相关章节，这是关于世界上最优秀的棒球运动员泰·库伯的介绍，这位入选名人堂的明星，他一生的击打率高达 36.7%，连有着击打之王美誉的罗斯也难以望其项背。

于是，那人又去找智者："泰·库伯，36.7% 的击打率，就这些。"

"完全正确，"智者答，"36.7% 次击打，平均每三次成功一次，也就是说 63.3% 没成功，我想你该明白些什么了吧？"

"哈哈！"那人恍然大悟，"这家伙有一大半的时候都是失败的，和我一样。"

很多时候，成功来源于无数失败。只有放开眼界，从容淡定地坚持下去，失败才能转化为成功。

4. 谋略的最高境界

"棋道，没有什么技巧，也没有什么谋略，一个对弈高手，最大的技巧就是轻而易举能够发现自己的破绽，最高的谋略就是能够避免自己的失误！"

一位棋坛高手退下来后被聘请为教练，他培训年轻选手的方式十分特别。

他不教年轻棋手们怎样去进攻别人，也不教年轻选手们如何运用谋略，他和徒弟们天天对弈，决出输赢后，让他们记住他们自己对弈时的每一步，然后，让棋手们仔细推敲他们自己的每一步落子，找出自己的失误，这就是他布置给那些年轻棋手们的作业。找出自己失误多的，他就表扬；找出自己失误少的，他就十分严厉地予以批评。

　　这样教的时间长了，那些年轻棋手们纷纷有了意见，大家都说他的教棋方式太单调，既不能旁征博引讲出令人信服的理论，也没有实战的经验和技巧，虽说他过去是个棋坛高手，但他不适宜当教练。同行的几位教练也对他的做法十分不解，怎么能如此教棋呢，不传谋略，不传技巧，只让棋手自察失误，如此怎么能培训出一流的棋手呢？

　　面对年轻棋手们的不满和同行教练们的不解，他依旧我行我素，还是认真地让棋手们个个体察自己对弈时的失误。有时，他只是给他们一个简单的提醒，更大的失误，都让年轻棋手们自己去自我发现和体察。刚开始时，每局对弈下来，每个棋手都能找出自己的诸多失误，甚至许多人都觉得自己简直是个臭棋篓子。但天长日久，那些棋手们的失误越来越少了，有时甚至一局对决下来竟没有一次失误。这个时候，选手们开始向他要求说："给我们传点理论和技巧吧，对弈，毕竟是要取胜于别人，不是自己和自己决胜负，没有谋略和技巧怎么行呢？"

　　他冷冷一笑说："棋道，没有什么技巧，也没有什么谋略，一个对弈高手，最大的技巧就是轻而易举能够发现自己的破绽，最高的谋略就是能够避免自己的失误！"后来，他培训的选手参加对弈大赛，和许多顶尖的棋手对决，很多高手都纷纷被他们一一击败。那些高手们惊讶不已，个个摇着头叹息说："这些年轻选手们太厉害了，虽说他们没有什么技巧和谋略，但我们却丝毫找不到他们的破绽和失误，他们赢就赢在他们没有失误上。"

　　获胜之后，那些年轻选手们欣喜若狂地回来向他报喜，他说："一个棋手能否赢得别人，技巧和谋略都无关紧要，最重要的是他要赢得自己，杜绝自己的失误。没有失误，就没有破绽，任何人都对你束手无策了。"

　　自己的失误，往往就是对手击败自己的机遇。许多时候，我们并不是失败于自己的弱小，而仅仅是失败于自己的失误。

5. 低调的"世界枪王"

"失败是个孤儿，认养孤儿的人都要有爱心，认养失败的人都要有耐心和恒心。"

1919年11月10日，他出生于前苏联西伯利亚的乡村，家中有19个兄弟姐妹，家境贫寒。6岁时，他染上重病，差点丧命，但由于上天眷顾，他又活了下来。

他的动手欲望极强，总喜欢搞点别出心裁的小发明。他看到父母都非常辛苦，就想借助自己设计的农用机械减轻父母的负担。他经常遭遇失败，但是从不轻言放弃。在校期间，他发明了一种简单的割草机，还发明了一种烤肉用的架子，可以把放在烤扦上的烤肉一次性整体翻面。

1941年6月2日，苏德战争爆发，他在一次坦克大战中负了重伤，被送回后方医院治疗。在医院疗伤时，他发现伤员们常聚在一起谈论德国士兵使用的自动武器，于是有了设计自动武器的念头。"我决定尝试一下，看能不能为我们的士兵制造冲锋枪。"就这样，他像小学生一样拿着笔记本、铅笔和橡皮绘制想象中的冲锋枪，开始了他的设计师之路。由于他从未受过专业教育，也没学过制图，因此只能画些简单的草图。后来，他离开部队，但依然没有放弃理想，在一位好友的帮助下，他在简陋的小工棚里加工出了一支冲锋枪。

后来他又设计了第二支冲锋枪样枪，并送去进行试验和评审。但当时的苏军指挥官们不喜欢这种枪，也不看好这个未受过高等教育的年轻人，甚至很多人的眼神里充满了不屑。试验评审委员认为该冲锋枪的结构复杂，在性能上也没有超过当时装备的苏达耶夫冲锋枪。

他没有气馁，继续虚心向武器专家、军人和科学家们求教，反复研究和改进这种枪。仅有中学学历的他孜孜不倦地钻研，锲而不舍地学习。而他改进后的冲锋枪经过再次试验仍然赢不过苏达耶夫冲锋枪，他再次失败了！

二战结束不久，苏联国防部开展了研制新式武器的竞赛。1946 年，他将花费了 5 年心血研制的自动步枪送去参加国家靶场选型试验。一同竞争的还有西蒙诺夫、什帕金、布尔金、杰格佳廖夫等多位著名设计师的作品，最终他的作品 AK－47 自动步枪荣膺冠军，斯大林亲自为他颁发了 16 万卢布的奖金。

冷战结束后，他继续改进 AK 系列枪，先后研制了 150 多种武器，世界上有 100 多个国家使用这些武器。20 世纪重要发明排名中，AK 系列自动步枪位列于阿司匹林和原子弹等发明之前，成为科技进步的象征。

由于没有为 AK－47 步枪申请专利，尽管武器制造商和销售商因为 AK－47 富得流油，他却没有因此拿到过一分钱，但他所得到的奖励和受到的尊重却足以使他感到幸福。虽然没有念过大学，但他却拥有技术科学博士学位，是 16 个国家科学院的院士。迄今他已获得 11 个奖项和 8 枚勋章，两次荣获"社会主义劳动英雄"称号，还获得过列宁奖章和斯大林奖章。

"你能在其他国家找到在本人还活着时就给他建铜像的设计师吗？你能在其他国家见到总统和总理亲自向一名设计师祝贺生日吗？"说这些话时，他一脸的自豪。叶利钦和总统梅德韦杰夫都曾专门为他庆生，梅德韦杰夫还亲自授予他国家最高荣誉——"俄罗斯英雄"奖章。

梅德韦杰夫接见他的时候说："你所取得的成就标志着俄罗斯民族的创造能力。"并称赞他创造了"令所有俄罗斯人自豪的品牌"。他就是著名的"世界枪王"卡拉什尼科夫。

面对失败，我们不能单单停留在失败上，要微笑着面对失败，迎接新一次的挑战，正如拿破仑所说的"避免失败的最好方法，就是决心获得下一次成功"。

6. 人生红绿灯

失败是人生的熔炉。它可以把人烤死，也可以使人变得坚强、自信。不要抱怨生活给予太多的磨难，不必抱怨生命中有太多的曲折。大海如果失去了巨浪的翻滚，就会失去雄浑，沙漠如果失去了飞沙的狂舞，就会失去壮观，人生如果仅去求得两点一线的一帆风顺，生命也就失去了存在的魅力。

从孩提时，命运之神就好像特别跟迈克过不去。4 岁那年，迈克的父母在一次车祸中丧生，他被寄养在一个远房舅舅家。舅舅对他很刻薄，喝斥打骂是家常便饭。迈克懂事很早，学习非常用功，成绩出类拔萃，考上了一所知名大学的热门专业。但毕业那年，国家的经济形势不好，辛苦找了一年工作，却丝毫没有着落。

对迈克最好的是那位 60 多岁的房东老太太。每次迈克回来，她都会开门高兴地招呼他，尽管迈克自己有钥匙可以开门。看到迈克沮丧的样子，老太太总安慰道："迈克，事情没那么糟糕，一切都会好起来的。"

迈克每次心里都很感动，但他觉得老太太根本就不知道他的难处。他想，如果他能像她那样，每天最重要的事就是看着马路上川流不息的各种车辆，以及熙熙攘攘的人群，他也一定会这样快乐。

有一天，迈克看着老太太出神的样子，不由得纳闷：在她的思想里，到底装着一个怎样的世界呢？那马路上每天都如此单调，对迈克来说，实在没有什么可看的。他终于禁不住地问她："您每天都在看什么呢？有什么有意思的事情吗？"

老太太笑眯眯地望着迈克，"孩子，那马路上的红绿灯，写下的是无数行人生命的征程，怎么会没有意思呢？"

"那有什么好看的呢？不就是红绿灯吗？"迈克还是不解。

　　"孩子，你还不明白。这人生呀，就像那红绿灯，一会儿红，一会儿绿。红的时候呀，就没法动了，动了就会出交通事故；绿的时候呢，就一路畅通无阻。"

　　老太太顿了顿："有时你远远看着那灯是绿的，等车子加速到了跟前，却可能突然就红了。有时远看是红的，到了跟前就变绿了。有的车到每个路口都可能是绿灯变红灯，有的车到每个路口都是红灯变绿灯。可是呀，他们最终都同样离开了这里。有了这红绿的变换，人生的步伐不才有快慢调整，人生的景色不才有五彩斑斓吗？为什么要为一次红灯而焦虑不安，为一次绿灯而兴奋不已呢？"

　　迈克总算明白，原来自己在人生的路口遇上了红灯，但绿灯总会闪起，远方依然在召唤。

　　带着对老太太的感激，迈克开始了新的努力。40岁那年，迈克成了美国最著名的电脑经销商，拥有了亿万家产。在哈佛大学演讲那天，在如雷的掌声中，他没有忘记当年那位房东老太太的教诲，他平静地说，自己只不过是遇上了人生的绿灯而已。

　　有的人总是向人反复表明他失去的东西有多么好，有多么的珍贵……还有好多人则不同。比如，他们在失去了原有的工作之后，不是一味地伤感，而是主动寻找新的工作；他们相信，失去并不意味着失败，失去后还可以重新拥有。这才是成功者应具备的心态。成功的时候，不要忘记人生还有红灯；失败的时候，不要忘记前边可能就是绿灯。

Part5 "兼听则明，偏听则暗"——学会倾听

1. 螳螂捕蝉黄雀在后

一个善于倾听的人，常常能从倾听中捕捉到有用的信息，创造机遇、把握时机，从而做出正确的决策，并因此而占得先机，取得事业的成功。

《战国策》里记载了这样一个故事：

吴王打算攻打楚国，警告他左右的臣子说："有敢劝阻我伐楚的，就处死！"

有一个年轻的侍从本想劝阻却又不敢，就藏着弹子，带着弹弓，到后花园里转游，露水沾湿了他的衣服。有三个早晨都像这样。

吴王有些好奇了，便将侍从叫过来，问道："你为什么自讨苦吃非要把衣服弄湿成这个样子呢？"

侍从回答："我发现，后花园里有一棵树，树上有一只蝉，蝉趴在高枝上悲伤地叫唤，喝着露水，并不知道螳螂在它的后面；螳螂屈着身子，弯起了前肢，正要捉蝉，却不知黄雀在它后面；黄雀伸长脖子正要啄螳螂，却不知道弹子、弹弓在它下面。"

顿了顿，侍从继续说："这三个小动物都一心想要得到眼前的利益，却不考虑它身后潜在的祸患，我看着它们一时也不知如何是好。"

听罢，吴王立即明白了这位侍从的用意，他发布命令，取消了攻打楚国的计划。

故事中，这位聪明善谏的侍从足智多谋，迂回地用隐喻的方法道出了吴王轻率伐楚的失策和危险。在实际生活中，有些人讲话含蓄，不会直接

告诉你真话，而是采用迂回策略，拐着弯儿暗示你，这就需要倾听者自己
领悟和琢磨其中的真正意图及奥秘了。

2. 倾听常人听不到的声音

生活中，只有积极倾听他人的诉说，我们才能了解他们的需要和愿望，准确地找到解决问题的切入口，走进他们的内心，采用他们愿意接受的方式、方法，从根本上解决问题。所以说，倾听是我们真正了解生活的开始。

很久很久以前，某国的国君带着王子找到本国最有名的智者，希望智者将王子收为门下，并教导王子成为一位杰出的国王。

智者收下王子后，将王子送到大森林中，并要求王子在森林里独自生活一年，并且在一年之后，要描述出森林的声音，这是第一门功课。

冬去春来，一年很快过去了。王子见到智者后，滔滔不绝地讲述了自己在森林中听到的一切声音："大师，我听到了树叶沙沙地作响，蜂鸟嗡嗡地低鸣，河流美丽的流水声，蟋蟀唧唧地鸣叫……"

听完王子的描述，智者让王子再回到森林中继续倾听，时间依然是一年。

对此，王子颇为困惑，难道自己还没完全辨识所有的声音吗？时间一天一天过去，王子孤独地端坐在森林里，竖着双耳尽力倾听。令他失望的是，除了已听到的声音外，别无其他的声音。

直到一天清晨，王子在树下默默安坐着，心神非常宁静，他突然感觉到有一种从来没有听到过的模糊声音，王子愈是聚精会神去听，声音愈是清楚，他立刻茅塞顿开。

见到智者，王子恭敬地向智者描述他的收获："当我集中全力地倾听时，我听到了前所未闻的声音，大地在阳光下苏醒，鲜花在缓缓开放着，

小草在吸吮着露珠，我身体的每一个细胞在微微地呼吸者……"

智者频频点头赞赏："倾听到常人听不到的声音，是成为杰出君王的基本素质，你可以开始学习如何领导你的国家了。"

"倾听到常人听不到的声音，是成为杰出君王的基本素质"。治国如此，治家又何尝不是？当孩子调皮的时候，您是否听到了孩子希望得到关注的心愿？当爱人出门和您拥抱时，您是否听到爱人对您表达的爱的心声？当父母在耳边不停地叨叨不休时，您是否听到父母的关爱之情？一个会聆听的家又怎能不让人感到温暖？

3. 总统的"民意浴"

"虽然民众意见并不是时时处处都令人愉快，但这种倾听让我获得了来自各界的声音，不仅缩短了我与人民的距离，加深了彼此的感情，而且激发了人民参与国事的主动性和积极性。总的来说，其效果还是具有新意、令人鼓舞的。"

美国第16任总统亚伯拉罕·林肯出生于肯塔基州一个贫苦的农民家庭，他先后当过伐木工、船工、店员、邮递员，这些经历使林肯对普通人民群众有深厚的感情。

出任美国总统后，为了不和民众之间拉开距离，林肯喜欢经常走出办公室到民众中去。而他在白宫的办公室，门总是开着的，任何人想进来谈谈都可以，林肯不管多忙也要接见来访者，甚至还鼓励有的人来访。

政府官员、商人、普通市民们常常沿着行政官邸的围墙排着队去见林肯，使保卫工作非常难做，忠心执行职责的保卫人员常常会抱怨。不过，林肯也会抱怨保卫人员："让民众知道我不怕到他们当中去，他们也不用怕来我这里，这一点是很重要的。"

1863年，林肯写信给印第安纳州的一个公民："我一般不拒绝来见我的人。如果你来的话，我也许会见你的。告诉你，我把这种接见叫'民意浴'，因为我很少有时间去读报纸，所以用这种方法搜集民意。"

为了更好地搜集民意，林肯在白宫外面度过的时间要比在白宫多。他常常不顾总统礼节，在内阁部长正在主持会议时闯进去；他不愿坐在白宫办公室等待阁员来见他，而亲自去阁员办公室，与他们共商大计。

哪里有士兵，哪里就有林肯。即便是视察部队时，林肯也总是站在威拉德旅馆的阳台上向士兵致意。在战争后期的一个雨天里，林肯还是站在那个阳台上，浑身被雨淋透了，士兵们向他欢呼。他说："只要你们能坚持住，我想我也能。"

无论你的地位、身份如何，做一个耐心冷静的倾听者，这是谈话艺术中一项重要的条件。因为能静坐聆听别人意见的人，必定是一个思想深邃、谦虚温和的人，这种人往往能比别人获得更多的信息，从而更接近成功。

4. 做一个受欢迎的人

学会倾听，是突破交际障碍的一个有效行动。当你试着站在别人的立场上，创造机会多让别人谈一谈自己，做一个好的听众，你就能够成为一个广受欢迎的交际高手，为自己赢得众多的朋友。

李强是赵勇见过的最受欢迎的男人之一，他走到哪里都很受欢迎，经常有朋友请他参加聚会，共进午餐。

一天，赵勇受一个朋友之邀参加一次小型社交活动。他发现李强正和一个漂亮女孩坐在一个角落里。奇怪的是，赵勇发现那位女孩一直在说，而李强好像一句话也没说，只是有时笑一笑，点一点头，仅此而已。

活动结束后，赵勇和李强结伴而行。赵勇禁不住问道："整个晚上我看见你和活动中最迷人的女孩在一起，她是谁呀？你们以前认识吗？"

李强摇摇头说，"今天是我第一次见她，是别人介绍我们认识的。"

"是吗？她好像完全被你吸引住了，你是怎么做到的？"赵勇问道。

李强笑了笑，说道："很简单，我只对她说：'你的身材真棒，你是怎么做到的？平时是注意保养，还是喜欢健身？'她说她每周都去健身房，'你能把一切都告诉我吗？'我说。于是，我们就找了个安静的角落，接下去的两个小时她一直在谈健身的事情。"

"是吗？就这么简单？"赵勇感觉有一点点不可思议。

"就这么简单呀。最后，那个女孩还要了我的电话号码，她说和我聊天很愉快，还说很想再见到我，因为我是最有意思的谈伴。但说实话，我整个晚上没说几句话。"李强有些不好意思地挠挠头，语气中掩饰不住喜悦。

终于，赵勇找到了李强受欢迎的秘诀。很简单，李强只是让别人谈自己，他对每个人都这样，人们喜欢李强就因为他喜欢倾听。

倾听是美丽的，善于倾听的人则是迷人的。倾听是人际交往中最动听的音符，学会倾听，多多倾听，倍受欢迎并不难。

5. "谈话"挽救的生命

倾听是一门高深的艺术，我们不仅要认真地听别人说话，还要善于揣摩别人的心思，听出对方的弦外之音。只有这样，我们才能清楚对方心里真实的想法，从而采取相应的行动或者措施。

赵蕊是一所传媒大学在校学生，在一家报社做实习记者。因为是新手，她只负责征婚启事和讣闻栏目，她的日子过得很平淡。

其实，赵蕊对单位那些负责报道社会新闻、突发事件的同事羡慕不已，他们与赵蕊的工作大相径庭，他们的经历充满了刺激和惊险，而且他们大多是单位每月"最佳记者"评选的"热门人物"。

一天中午，赵蕊刚刚吃过午饭。讣闻专线的电话铃声大作，一个口齿似乎不太伶俐的人，低声地说道："你好，我……要发一个讣告。"

做了两个月的工作，赵蕊已经驾轻就熟，她拿出记录本和笔，机械地问："您好！请问逝者姓名是？"

"刘恒。"

赵蕊有一种异样的感觉，这个人和其他发讣告的人不同，他的态度不是悲伤，也不是冷漠，而是一种说不出的迷茫和绝望。

赵蕊继续问道："死因？"

对方回答："一氧化碳中毒。"

赵蕊愣了一秒钟，继续问道："逝世时间？"

对方沉默不语，过了一会儿才含混不清地回答："现在我还不知道，不过快了。"

顿时，赵蕊猜到了对方要准备自杀，他是自己给自己发讣告，但她仍故作镇定地问："您的地址？"

"桥东区红旗街126号。"对方的声音显得疲惫不堪，赵蕊的心狂跳不止，她向同事做手势，在笔记本上颤抖地写："那人要自杀！！！"并写下了地址。

同事马上会意，赶紧报了警。

赵蕊想让这个叫作刘恒的男子在线上多待会儿，保持清醒。她用最甜美、最温和的声调说，"我还需要一些信息，您愿意帮助我吗？"

但是，刘恒的回答越来越难分辨。赵蕊闭上眼睛，想象自己坐在刘恒对面，集中精神听他说话。

突然，电话中一片死寂，刘恒好像昏倒了。

赵蕊攥紧拳头大喊："刘恒，醒醒。我在听你说话。"

随后，赵蕊听到警笛声，救护车声，敲门声，紧接着是玻璃破碎的声音。一个陌生的声音从电话里传来："我是警察。谢谢你及时报警，病人没有生命危险。"

赵蕊的泪水决堤而出，兴奋地大喊："有救，还有救！"顿时，掌声、欢呼声从编辑部各个角落传来，他们一边擦眼泪一边互相拥抱、握手。

月末总结会上，赵蕊获得了"最佳记者"的称号！太不可思议了！看到赵蕊惊讶的神情，总编微笑着拍了拍她的肩说："这个称号你当之无愧，你真是一个聪明的女孩子。如果那天是我接电话，我肯定只是简单地记录一下讣告信息，而听不出来，也猜想不到他要自杀。"

学会倾听，其实也并不难。学会了倾听，你将会得到一种无法用金钱买来的东西——别人对你的信任。

6. 倾听是一种生存技巧

倾听是一种创造机遇的意识。听到同样的内容，有的人熟视无睹，有的人则会立即意识到它的巨大价值，这就是倾听能力的高低。

小猫长大了，猫妈妈告诉它，"现在你已经长大了，3天之后就不能再喝妈妈的奶了，以后要自己去找东西吃。"

"哦，要是那样的话，我该吃什么东西呢？"小猫惶惑地问妈妈。

"你要吃什么食物，妈妈一时也说不清楚，就用我们祖先留下的方法吧！这几天夜里，你躲在人们的屋顶上、梁柱间、陶罐边，仔细地倾听人们的谈话，他们自然会教你的！"猫妈妈回答道。

第一天晚上，小猫躲在屋顶上，它听见一个女人对男人说："老公，帮我的忙，把香肠和腊肉挂在梁上，小鸡关好，别让小猫偷吃了。"

第二天晚上，小猫躲在梁柱间，听到一个妇人自言自语："要把鱼和牛奶放在冰箱里，小猫最爱吃鱼和牛奶了。"

第三天晚上，小猫躲在陶罐边，听到一个大人对孩子说："小宝，奶酪、肉松、鱼干吃剩下的，也不知道收好，小猫的鼻子很灵，明天你就没得吃了。"

就这样，小猫每天都很开心，它回家告诉猫妈妈："妈妈，果然像您说的一样，只要我仔细倾听，人们每天都会教我应该干什么。"

后来，小猫经常倾听人们的谈话，学习到了生活的技能，成为一只身手敏捷、肌肉强健的大猫。后来有了孩子，也是这样教导孩子的："仔细地倾听人们的谈话，他们自然会教你的。"

高声吆喝只会丧失学习机会，唯有积极聆听才是最重要的。只要我们仔细倾听，世界每天都会教我们该如何生存的，我们每天都可以获得更多，看得更深。

7. 晏子巧说齐景公

听话不能只听话的表面意思，而是要能听出其中的真话和内涵，正确理解对方谈话的意思，这是十分重要的。

齐景公是春秋后期的齐国君主，他非常喜欢捕鸟，还常常将捕获的各种各样的鸟养起来赏玩，并专门指派了一个名叫烛雏的人主管养鸟的事情。

一次，齐景公捕获了一只非常好看的鸟，他把小鸟交给了烛雏。谁知，烛雏不小心让捕获的鸟飞走了。齐景公在盛怒之下，放言要杀掉烛雏。

这时，相国晏子对齐景公说："烛雏犯了罪，理应受罚。现在请让我来一一列举他的罪状，然后大王按照他所犯的罪过来处死他吧。"

得到齐景公的同意后，晏子用手指着烛雏，历数他的罪状："大王派你专门看管鸟，你却粗心大意让鸟飞掉，这是第一条罪状；你使大王因为鸟飞掉的缘故而杀人，让大王背上杀人的名声，这是第二条罪状；如果让别的诸侯王听到这件事，认为我们的大王把鸟看得比人命还重，从此败坏了大王的威望，这是第三条罪状。"

晏子一口气列举了烛雏的三大罪状后，请齐景公处决烛雏。

在晏子数说烛雏罪状的时候，齐景公听出了晏子话里有话，也醒悟了过来，他改变了主意，摆着手说："不要杀烛雏了，不要杀烛雏了，寡人盛怒之下差一点做了错事，多亏爱卿指点。"

就这样，齐景公不但没有杀烛雏，还向他表示歉意，又向晏子表示感谢。

烛雏的三大罪状是晏子顺着齐景公"烛雏有罪"的意思说的，明里是在数说烛雏之罪，却句句旁敲侧击齐景公，有效地制止了齐景公欲杀烛雏的行为。在人际沟通中，很多现象是隐藏的，这时，就需要你有较强的理解能力。

Part6 "丰而不余一言，约而不失一词"——巧言妙语

1. 像螺丝钉一样婉转表达

绝对不直接向任何人提忠告。当需要指出别人的错误的时候，像螺丝钉一样婉转曲折地表达自己的意见和建议。

一个年轻人来到觉明寺寻求方丈指点迷津，他苦闷地说，"我是一个心直口快的人，一看到别人有什么不对的地方，我就会指出来，结果我的朋友越来越少了。"

方丈微笑着听年轻人讲完，什么话都没有说，只是拿来两块窄窄的木条，一个榔头、一把钳子、一个改锥，还有一撮螺钉。

方丈说："你先帮我把这一撮螺钉钉到窄木条里面，然后，我再告诉

你该怎么办。"

年轻人不解地看了看方丈，点了点头。

年轻人先用榔头往木条上钉螺钉，但是木条很硬，他费了很大劲，也钉不进去，即使把钉子砸弯了，也钉不进去。一会儿工夫，好几根螺钉都被他砸弯了。

后来，年轻人用钳子夹住螺钉，用榔头使劲砸，螺钉虽弯弯扭扭地进到木条里面去了，但他也前功尽弃了，因为那根木条也裂成了两半。

年轻人累得气喘吁吁，无奈地看着这一片狼藉。

这时，方丈走过来拿起螺钉、改锥和锤子，他把螺钉往木板上轻轻一砸，然后拿起改锥拧了起来，没费多大力气，螺钉钻进木条里了，天衣无缝。

方丈指着木条，笑笑说道："让螺钉和木板硬碰硬有什么好处呢？这只是笨人才用的笨办法。"

说完，方丈起身就准备要走了。

年轻人追了几步，问道，"您还没有帮我解决问题呢，怎么现在就要走呢？我真的很希望得到您的帮助。"

看着年轻人真诚的样子，方丈捋了捋白胡须，平静地说道，"忠言逆耳，良药苦口，并不是什么时候都可以奏效的。说的人生气，听的人上火，最后伤了和气，好心变成了冷漠，友谊变成了仇恨，有什么好处呢。"

年轻人有些明白地点了点头。

方丈接着说道，"我活了这么大，只有一条经验，那就是绝对不直接向任何人提忠告。当需要指出别人的错误的时候，我会像螺丝钉一样婉转曲折地表达自己的意见和建议。有道是：忠言不必逆耳，良药不必苦口。"

年轻人想了一会儿，恍然大悟，连忙感激地向方丈称谢。

"忠言不必逆耳，良药不必苦口"，在指出别人错误的时候，一定要掌握批评的艺术，恰当地把握批评的尺度，巧妙地暗示对方注意自己的错误，使批评达到春风化雨，甜口良药也治病的效果。

2. 总统和女秘书

生活中许多人不习惯赞美别人，把对别人的赞美埋在心底，总是通过批评别人来"帮助别人成长"，其实这个想法是错误的，有时候，赞美比批评带给别人的进步要大。

美国第三十届总统柯立芝刚上任时，聘了一个女秘书协助他的工作。这个女秘书年轻又漂亮，而且对工作非常热情。

但是，遗憾的是，女秘书的工作屡屡出现问题，不是字打错了，就是时间记错了，这些给柯立芝的工作带来很多的麻烦。

柯立芝想批评她，但是他决定换一种批评方式。怎么办呢？

一天，女秘书一进办公室，柯立芝就夸奖她："你的衣服真好看，配上你美丽的容颜，你简直是白宫里最漂亮的人了。"

女秘书受宠若惊，要知道柯立芝总统平时是很少这样夸奖人的，她站在那有些惊喜，又有些不知所措地看着柯立芝。

"当然，我也相信。"柯立芝接着说道，"你的工作也可以像你的人一样，都办得很漂亮。"

果然从那天起，女秘书的公文就再没有出现过什么错误。

事后，有个参议员好奇地问柯立芝总统："我以为您会狠狠地批评这个女秘书呢，您是运用什么方法使她有如此好的改变的呢？"

"我是批评了她，但是我换了一种方法。"柯立芝回答。

"什么方法？是不是很难办到？"参议员继续问。

柯立芝笑着说道："很简单，你看理发师帮客人刮胡子之前，都会先涂上肥皂水，这样做的目的就是让别人在受刮时不会觉得疼痛，我就是用了这个方法而已！"

每一个人都有自尊心，毫无情面的批评肯定让人难以接受。但是，如果你换一种方法，用委婉的方式和语气进行批评，特别是将批评夹在赞美中的话，大多数人都是会乐意接受的。懂得赞美式的批评，会让你在说话时收到意想不到的效果。

3. 卡内基器重的"领导"

聪明的人知道如何将那些比自己聪明的人团结在自己身边，给足别人面子，换来那些为他打天下的人。

查利斯·施瓦布是美国钢铁大王安德鲁·卡内基的助手，他是当时少数几个年薪 100 万美元的人之一。

在施瓦布的墓志铭上，有卡内基亲自题写的"一位知道如何将那些比自己聪明的人团结在身边的人"几个大字，也就是说，施瓦布善于给别人面子，以面子换来面子，换来那些为他打天下的人。

这正是为什么卡内基付给施瓦布每天 3000 多美元高薪的原因。

一天中午，施瓦布从一个钢厂走过，看到几个雇员正在车间里吸烟，正好那块"严禁吸烟"的大标语牌就在他们的头顶上，他朝那些人走过去。

当雇员发现施瓦布正朝他们走过来时，他们以为施瓦布会指着那块牌子简单粗暴地斥责他们，也许他还会说："你们居然站在'严禁吸烟'的大标语牌下抽烟，难道你们几个都是文盲吗？"

然而，施瓦布走过去，友好地给每个人递上一支雪茄烟，并说："孩子们，如果你们能到外面去抽掉这些雪茄，我将十分感谢。"

那些吸烟的人立刻意识到自己错了，对施瓦布就自然产生了好感。因为他们的上司在提醒错误的同时，并没有伤害他们的自尊，使得他们保住了面子。

试想，像施瓦布这样的领导，谁还愿意和他作对，不努力去工作呢？

很多人都喜欢摆架子、我行我素、在众人面前指责别人，而对别人的自尊心不屑一顾。其实，保留他人的面子是非常重要的事情，一个细小的动作，一句简单的话语，都可以避免许多不愉快事情的发生。

4. 到底是谁蠢

虽然说实话是一件好事情，但如果不加分析和选择，不看时间、地点、场合地说实话，即使话再符合事实，有时也会令人尴尬，或伤人自尊，或引发不必要的矛盾，结下不必要的怨气，收到事与愿违的效果。

古代还没有发明火柴、火石之类的东西时，取火非常麻烦，要用特制的工具在选好的木头上钻出火星来。

一天深夜，一个齐国人在睡觉时突然感到肚子疼痛难忍，他一边捂着肚子在床榻上打滚，一边大声叫佣人说："我肚子疼得不行，你快去钻木取火，好赶紧把灯给我点上！"

由于没有月亮，天色昏暗，屋里更是黑得伸手不见五指。佣人什么也看不清，只得四下里胡乱摸索，一时半会儿还真难找到钻木取火用的工具。

豆大的汗珠从齐国人的额头上滚下来，他不停地大声催促："你快点呀，怎么连这点小事也办不好呢！"

听到主人的声声催促，佣人心里十分着急，但越着急就越手忙脚乱，他一下踢飞一个凳子，一下又差点在门槛上绊了一跤。

齐国人越等越不耐烦，干脆破口大骂起来："你这个蠢东西，我平时供你吃供你穿，到了关键时候，你倒什么都不好好做，还不如那条看门狗！"

见主人竟这样不体谅人，说出这么多不堪入耳的难听话，佣人非常生气，他愤愤不平地说："您责怪人也太不讲道理了！现在四周都是黑乎乎的，什么也看不见，您为什么不拿个灯来替我照个亮，好让我找到钻木取火的工具呀！"

齐国人一时哑口无言。

在对别人提出要求的时候，一定要充分考虑客观条件，分析具体情况，评估实际困难，不要不分青红皂白就随便责怪别人不用心、不尽力。齐国人在当时的情境责怪佣人没有很快找到钻木取火的工具，是一种不讲道理的错误，佣人的回答有力地反击了主人，而那个齐国人最后只能自食其果。